北海道の守り方

北海道新聞編集委員
久田徳二 編著
北海道農業ジャーナリストの会 監修

寿郎社

もくじ

第5章　私たちはこう考える

はじめに――「多国籍企業の時代」に

判明分だけでも衝撃的内容

環太平洋連携協定（Trans-Pacific Partnership＝略称・ＴＰＰ）交渉に参加する一二カ国は今年一〇月五日に米国アトランタで開いた閣僚会合で、各国国民の反対世論を押し切り、「大筋合意」しました。日米両国政府の主導の下、交渉の「漂流」を避けるための、強引なやり方です。

北海道をはじめ道内各分野の団体は「道民合意なきＴＰＰ参加」に反対していましたが、その思いは踏みにじられました。政府は、協定案や交渉内容などを秘密にし、道民に具体的説明も意見聴取もしないまま、国際合意しました。

一分野の小さな協定ではなく、国のかたちと針路を変えるほどの大協定です。国民議論を十分にしてから交渉すべきでした。「合意」は国民の同意を得ていませんから、白紙に戻すべきではないでしょうか。自由民主党は先の総選挙で「ＴＰＰ断固反対」を掲げて勝利したはずですが、今回の「合意」に主導的役割を果たしました。「公約違反」と言われても仕方ありません。

現時点で、政府は「合意の概要」（全三六ページ）とわずかな資料しか発表しておらず、詳細はほとんどが分かっていません。合計で数千ページあるとみられる協定文案（譲許表、附属書、附属書簡、交換文書などを含む）や、交渉記録、二国間合意の詳細などは秘密のままです。

ですから、各分野の合意の根拠、基準や例外の規定などはまったく明らかでありません。農薬や遺伝子組換え作物の取り扱いなど食の安全や投資に関するルール、医療、知的財産、公共事業など、国民の疑問への答も、まだ見つかっていません。

しかし、「概要」などから判明した分だけでも驚くべき内容です(あとがき及び巻末資料5の「TPP協定の『合意』撤回と交渉の全容公開を求める声明」＝北海道農業ジャーナリストの会＝参照)。ほんの一例を挙げても、重要五農産物では五八六品目のうち約三割の一七四品目で関税を撤廃するというもので、重要品目を関税交渉から「除外または再協議の対象とする」とした国会決議に明確に違反しています。

国内とくに北海道の農林水産業への大打撃は必至です。関連産業の生産額も激減し、雇用も多く失われるでしょう。関税収入が減れば農業振興策の財源も減ります。補う手だては何も示されていません。

一次産業分野だけではありません。国民皆保険制度が崩壊し医薬品価格が高騰、農薬や遺伝子組換え作物の基準が緩くなるなど食の安心安全が後退、地産地消や環境保全などの制度が「自由な投資を邪魔する」と訴えられる投資ルール導入など、広範な分野で、大企業の「自由」を拡大する方向性が盛り込まれています。

TPPは自由貿易協定の一つですが、これまで日本が経験してきた諸条約とは、その性質がまったく異なるものです。広範な分野での投資と貿易の極端な自由化、多国籍企業の利益の最大化を目指す協定です。既存の地域産業や国民の暮らし全体を劇的に変える、とても危険な取り決めです。

「太平洋の経済戦争」

日本がもし正式に調印・加入したら、「我が国の存立が脅かされ、国民の生命、自由及び幸福追求の権利が根底から覆される明白な危険がある事態」(注1)、つまり「存立危機事態」に陥るでしょう。

TPPはいわば「経済の分野で仕掛けられた太平洋での戦争」のようなものです。

戦争法(安全保障法)は国内法ですし、集団的自衛権の合憲解釈も閣僚合意ですから、国内問題です。

すなわち、政権を変えて、法を廃止すれば、元に戻せます。しかし、この「経済戦争」はそうはいきません。国際合意ですから変更は簡単ではありません。経済戦争のルール（ＴＰＰ協定）を、日本が呑んでしまったら、取り返しのつかないことになります。一八五八年に結んだ不平等条約「日米修好通商条約」は、解消までに四一年もかかりました。ＴＰＰは相手国が一一カ国。解消手続きも秘密のままです。

その危険な性格が次第に知られるにつれ、各国には慎重論、反対論が広がっています。ニュージーランドや豪州、マレーシアなどで、国民の強い反発があります。知的財産権や医薬品高騰などの問題で、各国の国益が損なわれると感じているのです。

米国内でさえ、国民の間に反対論は多くあります。次期大統領選候補に名乗りをあげているヒラリー・クリントン氏（民主党）は一〇月七日に「ＴＰＰ反対」を初めて表明しました。もう一人の民主党の有力候補者バーニー・サンダース氏も、共和党の有力候補者ドナルド・トランプ氏もＴＰＰに強く反対し、今回の閣僚会合を非難しています。低賃金外国労働者の米国流入や国内経済の空洞化への懸念が国民に広まっていることが背景にあります。

それにも関わらず、日米両国政府は、「大筋合意」を押し切りました。各国民に重大な損失と災厄、地域経済に壊滅的な破壊をもたらす協定を発効、誕生させようとしています。まさに「太平洋の経済戦争」の勃発寸前なのです。

ただ、日本が正式調印・加入するには、国会の承認が必要です（注2）。政府は、協定や合意の全文をいち早く国民に明らかにする義務があります。参院選へのマイナス影響を回避したい政府は、承認手続きの直前まで情報公開を遅らせることを狙うかも知れませんが、許されません。国民論議に少なくとも一年や二年の十分な期間を保証すべきです。

ＴＰＰへの参加はまだ決まっていません。止められます。今後、内容の詳細が明らかになるにつれ、その重大さにいちいち驚かされることになるでしょうが、日本への影響をしっかり見抜きつつ、調印・加入を止めさせ、戦後最悪の無謀で危険な道からの撤退を求めていくしかありません。

進むグローバリゼーション

ＴＰＰ自体が今後、さらなる進展をするか、しないか、については不透明な部分があるものの、世界全体の「市場開放」を求めるグローバリゼーションは避けて通れない、との見方もあります。日米両国政府はＴＰＰとは別の、より広範囲な協定も準備しています。こうしたグローバリゼーションの影響が日本に及ぶなら、どんな影響か、その下で、日本の大事なもの、大切なことを守るにはどうしたらよいか、を考えないといけません。本書の目的の一つはそこにあります。

そもそも「グローバリゼーション」とは何でしょう。直訳の「国際化」とは一般に、世界中の国々や社会の垣根が低くなることなので、良いことです。しかし、「経済のグローバリゼーション」の意味は少し異なります。「多国籍企業の利益のため、世界を一つの市場にし、ヒト、モノ、カネが国境を越えて自由に動くようにすること」と言えるでしょう。それを目指す考え方のことを「グローバリズム」と言います。

ノーベル賞受賞者も批判

二〇〇一年ノーベル経済学賞受賞者で、「世界を不幸にしたグローバリズムの正体」という著書でも知られるジョセフ・スティグリッツ米国コロンビア大学教授はこう述べています。「グローバリゼーションは世界の人々に幸福をもたらすはずだった。だが、実際にはごく少数の金持ちがますます裕福になって、格差を広げただけだった。そしてこういう結果を招いた背景にはアメリカの横暴がある」と。

資本主義というシステムは、生産した商品を市場で売り、利潤を増やして、生産を拡大することを目的とします。利潤と生産を増やし続けるためには、安く多く作り、高く多く売らないといけません。しかし、人口は減少するし、自動車やテレビなどを含め、一世帯に何台も必要ありませんから、売れる数は頭打ちです。そこで企業は、海外に市場を開き、世界中で売ろうとします。

日本の企業はすでに東南アジアや中南米など地代と労賃の安い途上国に工場を移して、安く製品を作り、最も高く多く売れる国に持っていって製品を売る、という仕組みをどんどんつくっています。

多国籍企業のためのルール

このような、国境を股にかけて活動する企業を「多国籍企業」と言います。これらが、例えば自動車のタイヤをA国で作り、ハンドルをB国で作り、C国で組み立てて、D国で売るという場合、A、B、C、Dの間を、モノを移動させますから、関税は安い方が得《とく》をします。貿易に時間や手間がかかり、輸出入の条件が各国で違うのは都合が悪いのです。ですから、グローバリズムは、関税を無くし、貿易ルールを簡略化し、統一するよう求めています。

これはカネの移動についても同様です。A国やB国でモノを作ろうという時、あるいはD国でそれを売ろうという時、各国にお金を投じて工場や販売網を設けます。これを「投資」と言います。グローバリズムは、この投資活動からも、いろんな障害を取り除くように求めます。

多国籍企業は、A～D国で、環境保護とか、地産地消とか、健康増進とか、食の安全といった、自分の儲けと関係ないことで投資を妨げられたくありませんから、「投資家・国家紛争解決(Investors-State Dispute Settlement＝略称・ＩＳＤＳ《アイエスディーエス》)」というシステムをつくりました。投資家や投資企業が、各国で「自由な投資が邪魔された」と思ったら、各国政府を訴えることができる仕組みです。地方政府(自治体)も訴えられるかも知れません。

こうして、多国籍企業が、各国で邪魔されず、世界が一つの市場になっていけば、世界中の資源を利用して、世界中で売ることが簡単になりますから、儲けは大きくなります。

失われるもの

問題は、その陰で、各国の多様な自然と産業、地域社会、食料主権、食の安全…といった、大事なもの、大切なことが損なわれていくことです。

かつて日本国内で生産していたハンドルを、Ｂ国で作るようになれば、日本の仕事は無くなり、工場は閉鎖され、働いていた人たちは解雇されます。これを「国内産業の空洞化」と言います。米国民は、北米自由貿易協定(ＮＡＦＴＡ《ナフタ》)によって、メキシコから低賃金の労働者が多く移入し、米国内の雇用が多く失われたことに、強い不満を持っています。

農産物は「外国で生産した方が安いから」という理由で、例えば米国や豪州に生産を委ねたら、日本の農業は壊滅に近づきます。これまでも牛肉やオレンジ、木材やコメなど、多くの農林水産物の「貿易自由化」と称する貿易障壁緩和が進み、それが理由で外国産品の輸入が増加し、価格競争に不利な国産品と、それを生産する国内の農山漁村は疲弊してきました。それを取り戻す必要こそあるのですが、グローバリズムは、世界中の国々を舞台に、もっと奪おうとしています。

貿易を全面否定するのではありません。各国の大事なものを守りながら、お互いの利益になる貿易のかたちや量というものがあるはずです。ただ、農業は米国の最も強い産業の一つです。穀物メジャーや農薬・遺伝子作物企業といった巨大な多国籍企業がひしめいています。これらに、今以上の「自由」を許したら、日本の食料安全保障も、食の安全安心も、国土保全も、農村社会の維持も含め、国内農業はその役割を果たせなくなるでしょう。

世界で進む貧困と格差拡大

道が試算したＴＰＰによる影響を思い出して下さい。ＴＰＰに参加した場合の、北海道の農業生産額は四九三一億円減少（半減）、農家戸数は二万三〇〇〇戸減少（半減）、関連産業合計では一兆五八四六億円減少、雇用は一一万二〇〇〇人減少します。

農水省試算によると、日本全体では、農林水産物合わせて三兆四〇〇〇億円の生産減少。食料自給率は四〇パーセントから二七パーセントへ低下します。政府が講じようとしている「ＴＰＰ対策」の内容と規模で、救済可能かどうか、将来とも講じられるのか、は全く不明です。そればかりか政府は、農業農村を支える農協や農業委員会を解体しようとしています。このままでは日本の一次産業、農山村の崩壊は火を見るより明らかです。

世界は「多国籍企業の時代」に突入しました。農林水産業と食の分野だけではありません。医療、薬、保険、教育、地方自治、国家主権といった分野でも、多国籍企業は世界中で富を奪っていこうとしています。

このグローバリゼーションの弊害は米国内でも貧困と格差の拡大というかたちで顕著に表れています。「一パーセントの巨大企業が九九パーセントの国民を犠牲にしている」とのスローガンの下に、多くの市民が「九九パーセント運動」を起こしています。グローバリゼーションそのものに批判の矢を向けているのです。

今年六月に米紙ニューヨークタイムズとＣＢＳニュースが行った世論調査によると、米国民の六三パーセントが、「貿易障壁は、国内産業を守るために必要だ」と信じており、「自由貿易が許されるべきだ」と考えているのはその半分以下の三〇パーセントに過ぎませんでした(注3)。各国で、グローバリゼーションに対抗する動きが高まっています。食のことを自国で決める「食料主権」と、食の安全安心を何よりも大事にし、地域産業の保護育成を最優先で進める政策も広がっています。

北海道と日本を「守る戦略」

北海道と日本でも、いや、豊かな自然と地域産業を持つ北海道こそ、こうしたグローバリゼーションの餌食になるのではなく、自分を守らなければなりません。しかし、そのための戦略、方策は明確にはなっていません。ＴＰＰをどうやって阻止するか、ＴＰＰに参加したらどんな国内措置を実施するか、も大事です。しかし、救済策だけでは長続きしません。政府の姿勢によっては救済内容もしぼんでいくかもしれません。

私たち自身がグローバリゼーションの流れをどのようにとらえるのか。北海道と日本の人々の暮らしと産業を守る立場から、どのようにこれに抗し、あるいは利用し、かつ地域と国を豊かにつくり直していけるのか。自分たちの力で、どのような社会を構築していけるのか。そうしたことがとても大事だと思います。

「農産物貿易自由化反対」を唱えるだけでは足りないでしょう。グローバリゼーションから具体的に北海道と日本を守るには、何をどうしたらよいのでしょう。それを道内の各分野のみなさんと一緒に考えたい。この本はそんな思いで作られました。

伝えたい四つのこと

本書が伝え、みなさんと考えようとする論点は次の四つです。

①　グローバリズムがどのような歴史的国際的背景を持っているのか。特に安倍政権が進めている対米従属路線とどのような関係にあるのか。とりわけＴＰＰのＩＳＤＳ条項はどれほど危険か。（↓主に第1章、第6章）

②　そもそも自由貿易とは何か。「関税」と「農産物」はどのような歴史をたどってきたのか。ＴＰＰで日本農業はどうなるのか。（↓主に第4章、第6章）

③　北海道の経済と社会の土台をなす農業農村をグローバリゼーションに適合させようと、現政権が進めている農業・農協・農業委員会解体の「戦後農政の大転換」がどのような問題点を持っているか。（↓主に第3章）

④　日本のＴＰＰ参加をどうしたら阻止できるか、万一参加した場合にどうしたら悪影響を小さくできるか。グローバリゼーション本格化の時代に、北海道と日本をどのようにして守ることができる

か。（→主に第2章）

◇

本書は、二〇一五年三月二二日に札幌市民ホールで開かれた道民集会に参加された諸団体・個人の方々を中心に、関係の方々が分担して執筆しています。この集会は「ＴＰＰ問題を考える道民会議」（巻末資料1）と「ＴＰＰを考える市民の会」（同2）が初めて、合同実行委員会を結成して開催した画期的な集会です。まさに「オール北海道」体制による集会と言えます。スローガンは「北海道の産業を壊し、国会決議を逸脱する合意は許さない！」。講演やパネルディスカッションを行い、集会決議（同3）を挙げました。情報公開と国民的論議を行うことと、国会決議と北海道の産業と道民の暮らしを守ることを、政府に求めました。

本書の第1章は、外交評論家の孫崎《まごさき》享《うける》さんによる集会基調講演「格差を生むＴＰＰの正体」を土台に加筆しています。第5章は、道内各界の代表の方々から、集会でのご発言または集会後にお寄せいただいた原稿を収録しています。第6章は集会パネル討論の抄録です。また、第3章は一般社団法人北海道地域農業研究所主催の講演会（二〇一四年七月一五日、札幌市内）での太田原高昭北海道大学名誉教授による講演をもとに編集しました。その他は、今回書き下ろして下さった原稿です。章の間ごとのイラストページ「ＴＰＰ5つのキケン」はミツイパブリッシング（旭川市）の中野葉子さんにまとめていただきました。また、巻末には、監修をいただいた北海道農業ジャーナリストの会の「ＴＰＰ大筋合意」などに際しての声明文（巻末資料4、5）も収録しています。

本書発行に当たり、ご多忙の中、原稿をまとめて下さった執筆者の方々、ならびに集会関係者の方々、出版の機会を与えて下さった寿郎社に厚く御礼申し上げます。そして、道内外の生産者と消費者の皆さんに、改めてＴＰＰとグローバリゼーションの問題を考え、この危険な道から北海道と日本を守って明るい道を切り開くために、一緒に考え、行動していただけたら、と願っています。

二〇一五年一一月

北海道新聞編集委員　久田徳二

（注１）戦争法（安全保障法）の中で、日本が集団的自衛権を使う際の前提になる三つの条件（武力行使の新３要件）の一つ。「我が国と密接な関係にある他国に対する武力攻撃が発生し」たことにより生じる事態。集団的自衛権行使のほかの前提条件として、「国民を守るために他に適当な手段がない」「必要最小限度の実力行使にとどまる」の二つがある。

（注２）日本国憲法第七三条三項

（注３）A June 2015 *New York Times / CBS News* poll revealed that 55 percent of the U.S. public opposes Fast Track, which would give blank check powers to the president for the controversial Trans-Pacific Partnership (TPP) and other expansions of the status quo trade model. Opposition to Fast Track was the majority position among both men and women, at all income levels and in union and non-union households alike. The poll also found that 63 percent of the U.S. public believes that "trade restrictions are necessary to protect domestic industries" while only 30 percent think "free trade must be allowed, even if domestic industries are hurt by foreign competition."

第1章　グローバリズムに突き進む安倍政権の正体

外交評論家
孫崎　享

国家的利益を無視する安倍政権

「私は今、日本の進む道に大変な危機感を持っています。原発の再稼働、環太平洋連携協定（ＴＰＰ）への参加、消費税の増税、集団的自衛権、特定秘密保護法など、これらは日本の生き方を根本的に変える動きです」

これは二〇一五年五月に上梓した『日米開戦の正体』の「はじめに」で書いた一文ですが、さらに今、その思いを強くしているところです。というのも安倍政権は九月、集団的自衛権の行使を前提とする安全保障関連法を、多くの国民が反対しているのもかかわらず強行採決で成立させてしまったからです。

日本の政治を「最大多数の最大幸福」を求めるものだと定義するならば、安倍政権はその逆を進もうとしているのです。強行採決した安保法制にせよ、原発にせよ、ＴＰＰにせよ、消費税増税、特定秘密保護法にせよ、いずれも「最大多数の最大幸福」を追求する国家的利益の視点で考えるならば、決してすべきでない選択であり、日本の進む道ではないのです。

ＴＰＰは関税障壁を原則なくして、参加各国の中での自由貿易をさらに高めていく協定だと見られていますが、それが一番の目的ではありません。後で詳しく述べますが、ＴＰＰは日本の国家主権をなくしていく動きであり、実は米国を中心とする外国企業の利益確保を一番の目的に掲げた協定なのです。

政治を進めていく時の判断材料は、人命にかかわる緊急事態や健康を阻害するような環境汚染、格差と貧困が生む低所得者への保護、過疎化の著しい地方に対する振興などさまざまです。しかしＴＰＰの判断基準は単純明快です。それは唯一、「企業の利益を確保すること」だと言ってもいいでしょう。

米国頼みの安倍氏

安倍首相がなぜTPPにこだわっているのかというと、その大きな理由の一つは「米国と良い関係を築ける政治家」として売り込んできたからです。逆の言い方をすれば米国と良い関係がつくれないとなれば、安倍首相への支持はなくなり政治家としての生命は断たれるということになります。安全保障関連法案を国会で審議する前の四月、渡米した安倍首相はなんと米国議会の場で「夏までに法案を成立させます」と約束したのです。このように彼にとっては国民の代表者が集まる国会よりも米国議会の方が重要なのです。

田中角栄首相は一九七二年(昭和四七年)、米国の了解を取り付けずに中国と国交正常化をしました。これが米国の怒りを買い、米国議会から発覚したロッキード事件につながり、逮捕されてしまいました。鳩山由紀夫首相も沖縄の米国軍の普天間基地の移設先を「最低でも県外」と発言したとたんに、首相の座から引きずり降ろされました。長期政権を目指す安倍首相にとっては「対米追随外交」を続けることが唯一の選択肢で、彼にとっては「この道しかない」のです。交渉が難航しているTPPでも、米国と一体となって早期合意を目指しているのは日本だけです。

二〇一二年(平成二四年)の総選挙で政権に返り咲いた安倍首相は、「日米同盟の強化」を前面に打ち出して、文字通り「対米追随」路線を突き進んでいます。鳩山首相が模索した普天間基地の県外移転の可能性は消え失せ、自民党内にも反対が根強かったTPPも一三年のオバマ大統領との会談直後に交渉参加を表明しました。いずれも米国のお伺いを立ててのことです。

一九八〇年代末まで続いた東西冷戦下で、日本は戦争に巻き込まれることなく経済大国に成長しました。その背景には確かに米国の存在があったことは否定しません。しかし冷戦は終結し、世界を取り巻く情勢は大きく変わりました。ソ連崩壊で世界唯一の超大国となった米国にしろ、かつての米国とはまったく違う国になってしまっているのです。

経済の米国化を進めた日本

もし米国への追随が日本に平和でなく、近隣諸国との緊張をもたらしているとしたら、皆さんはどう考えるでしょうか。そして経済面では繁栄よりも停滞の原因となっているとしたらどうでしょうか。対米一辺倒の日本を尻目に近隣諸国のロシアや中国、韓国は着実に関係強化に乗り出し、経済分野では連携を強めています。そんな中で「対米追随」路線を続ける安倍政権ですが、それが国益にかなうなら構いません。しかし現実を冷静に分析すれば、決してそうは言えない状況が見えてきます。

九〇年代初めにバブルが崩壊して以降、日本は長い不況から抜け出せていません。注目すべきは、その間に日本と米国の経済は一体化が進んだことです。経済復活のキーワードとなってきた「規制緩和」や「新自由主義」の路線は、言い換えれば日本経済の米国化に他なりません。

その結果はどうだったでしょう。経済が立ち直る兆しはなく、世界における日本の存在感は低下していくばかりです。にもかかわらず日本は米国主導のＴＰＰに参加するというのです。一刻も早く日本人は「対米追随」がもたらす繁栄という幻想から目を覚まさなくてはならないと、私は考えます。

自民党内にいなくなった「保守本流」

長い間、日本の政界は経済・社会を重視し、米国との軍事協力には消極的だった路線が主流でした。いわゆる「軽武装」路線で、吉田茂首相をルーツとし、池田勇人首相が一九五七年(昭和三二年)に結成した保守本流の派閥「宏池会」の流れです。宮沢喜一、竹下登らの首相もそうでした。私はこの保守本流の路線こそが、日本にとって望ましい選択だと思っています。

この路線から米国との軍事重視路線に、なぜ転換しなければならないのか。本来の自民党の保守本流は宏池会的な「軽武装・経済重視」路線でしたが、今ではそれがなくなっています。そこから逸脱していくという本質的な議論が自民党内にないまま、安倍首相は米国との軍事同盟関係を強めています。防衛費を増大させる、海外派兵ができる集団的自衛権を使えるようにする、中国と厳しく対峙する。「対米追随」を続ける安倍首相は、そうすれば米国と良い関係がつくれると信じてきたのです。

TPPはその延長線上にあります。オバマ大統領も二〇一五年一月にその年の施政方針を示す一般教書演説で、中国を念頭に置いて「米国の貿易を拡大するために、ルールは私たちがつくるべきだ」と訴えました。TPPは外国企業に利益をもたらす協定だと前に述べましたが、オバマ大統領が言うように、TPPは米国の貿易を最大限に拡大するものなのです。

そして安倍氏は日本国民の利益よりも米国の利益につながる政策を続ければ、政権を維持できると信じているのです。これまでの自民党で長期政権を築いてきた首相たち以上に「対米追随」路線の色合いをより一層強めているのが安倍政権と言えます。TPPに途中から参加した日本が、交渉を主導する米国と一体となって早期の合意を目指している姿を見れば、それは一目瞭然です。

TPP参加で強まる対米従属

私はかねてからTPPについては反対の論陣を張ってきました。それは①TPPで日本が得る利益がほとんどない。②主導国である米国企業に、日本市場を席巻されてしまう。③特に医療分野では、国民健康保険の実質的な機能不全を招き、国民は私的健康保険を確保できる層と無保険に陥る層に二分化される恐れがある。④投資家・国家紛争解決（ＩＳＤＳ）条項によって、米国企業の利益が日本の国益に優先される事態が生じる―からです。

ＴＰＰに参加すれば、これまで以上に日本の対米追随が強まることになります。しかし、追随したところで日本に利益はまったくありません。戦後七〇年を経ても日本は米国への従属から抜け出せない状況です。もはや「追随」というより「従属」や「隷属」と言ってもいいです。

ＴＰＰが本当に日本の利益になるのかどうか、国民は冷静になって考えるべきです。日本にとって最大の貿易国は中国です。にもかかわらず、なぜ米国のほうばかりを向いているのか。九〇年代以降、日本と米国の経済は急速に接近しました。その結果、何が起きたのか。二〇〇八年（平成二〇年）にリーマン・ショックがあったにせよ、米国経済は順調に成長を続けています。その一方で日本は一貫して不況が続いています。いい加減に日本国民は米国にだまされ続けていることに気づくべきでしょう。

かつて日本国民は、国が推し進めた日中戦争から太平洋戦争にいたる「戦争」という行為によってだまされ、三〇〇万人以上もの尊い国民の命を失いました。そして今度はＴＰＰでだまされようとしています。「だまされる」ことも選択の一つではあります。だまされるほうが、ある意味、だまされないよりも楽かもしれません。だまされないように自らの頭で考え、自分なりの結論を出した時、だまされることを選択している多くの人たちと見解を異にすることになります。そうでなければ人々の群れから精神的に離れざるを得ない。

一方、だまされる側には、権力と一体でいられるという報酬が得られます。だまされないぞと思って行動を起こせば、権力に逆らうことになってしまいます。その時に払う代償は決して小さくないでしょう。権力と一体であることは、もろもろの場面で好都合です。権力に逆らうことはもろもろの場面で不都合をもたらします。この権力構造的な組織は、既得権益集団となっています。

戦争と同じくTPPでもだまされるのか

そのグループに属している人は、そこから離脱したら利益がなくなるので、離脱ということに対してものすごい脅威と恐怖を持っています。その既得権益集団に残ることが一番重要だと考えているのです。彼らはその集団の政策について、例えば「原発」「TPP」「集団的自衛権」などのような国の行方を左右する重要課題ごとにそれぞれ基本的なコンセンサスを共同で認識しているのです。

彼らにとって、その組織や枠から出ることは絶対にタブーで、あり得ないのです。そこに居残る、居座るということを常に最優先に考えているのです。既得権益集団の組織に居残りながら、原発を今後どうするか、TPPをどうするか、集団的自衛権をどうするかといった真剣な議論はありません。日本の安全なエネルギー政策について新たに代案を出すような考えもしません。その集団の共同認識を第一に考え、自らの考えは捨ててしまうのです。

したがって政治家、官僚、財界人、ジャーナリストは地位や立場が上がっていけばいくほど、つまり権力に近づけば近づくほど「だまされた」ふりをするのです。そうやって振る舞わなければ手に入れたものを失う恐怖があるのです。自らの考えを捨ててだまされたふりを続けていればその集団にいられる。自らの考えや主張にこだわるとコンセンサスの異なる枠組みに行くことになり、怖い。だから絶対にそのような行動には出ません。

「だまされる」ことを選択せず、いかなる不都合があろうとも「真実を求めて主張する」ことを、私たち日本国民は放棄するのでしょうか。「戦争」でだまされたように、再び原発やＴＰＰや集団的自衛権でだまされてしまうのでしょうか。

国民主権が侵されるＴＰＰ

私は先ほどＴＰＰに反対する四つの項目を挙げましたが、その中で最も危険だと思っているのは、ＩＳＤＳ条項によって「国の主権」が本当になくなってしまうことです。

それはいくら何でも誇張じゃないかと言う人もいますが、ＴＰＰに盛り込まれているＩＳＤＳ条項は、間違いなく国家の主権を侵害する条項だと言いたい。これは投資家と国家間での紛争を処理する条項で、投資先の国の政策や政策変更などで損害を被った企業が、その相手国を訴えることができるという内容です。この危ない条項によってどのような状況が日本に襲い掛かってくるのか、幾つかの例を挙げて考えてみたいと思います。

三つのケースを挙げますので、皆さんはどちらの立場を取るのかを考えていただきたい。まず第一のケースです。

ある国の政府が、その国に進出してきた他国の企業に廃棄物処理の許可を与えたとします。そしてそこの廃棄物処理施設から出た有害物資で、近隣の村の飲料水に汚染が生じ、その地域から病人が多く出てきました。そこで近隣村の自治体は、住民の健康を守るために廃棄物処理施設の営業を差し止めました。この措置をＩＳＤＳ条項に照らすと正しいのか、正しくないのか。

第二のケースは輸入ガソリンについてです。輸入したあるガソリンの添加物には、有害な物質が入っているという指摘があります。有害だという学者もいるし、健康には直ちに被害はないと主張する学者もいます。学者の間で見解が分かれているような時、行政は有害だとの指摘がある以上、ガソリンの安全性が証明されない限り、このガソリンの輸入をストップすることを決めました。この対応は正しかったのか、正しくなかったのでしょうか。

第三のケースは薬品についてです。薬品には副作用があります。ですから薬品に対しては行政が特許を与えています。特許の申請に当たっては、臨床実験が十分でなければなりません。この臨床実験が十分でなければ、行政は特許を与えません。ある薬品メーカーが特許申請をしてきました。行政は臨床実験がまだ十分ではないと判断し、もう少し十分なものを出してきた時に許可を与えるが、現段階では与えられないとしました。この行政の判断は正しいでしょうか、正しくないでしょうか。

北米自由貿易協定に実例

もちろん、三つのケースのそれぞれにさまざまな見解があって当然です。しかしTPPにあるISDS条項から照らして考えるとどうなるのか。その具体例は、既にこの条項が入っている北米自由貿易協定(NAFTA《ナフタ》)を見れば回答が出てきます。北米自由貿易協定は一九九二年(平成四年)に米国、カナダ、メキシコの北米の三国で結んだ協定です。

第一のケースは、米国のメタルクラッド社という企業がメキシコに進出し、メキシコ政府から廃棄物処理許可を受けて現地に工場を建てました。その後、有害物質が工場から排出されたことから近隣村の飲料水に汚染が出て、多くの患者が出たのです。

地元自治体は住民に健康被害が出たため、工場の操業を差し止めました。するとこの米国企業は、行政から営業を停止されて「間接的に施設を収用されたものと同等だ」して国際投資紛争解決センターに提訴しました。その結果、同センターはメキシコ政府に一七〇〇万ドルの賠償金の支払いを命じました。皆さんが正しいと思われるような行政を執行したら、国際投資紛争解決センターは罰金の支払いを命じたのです。

二番目の例ですが、カナダ政府が人体に有害の毒性の指定があるガソリン添加物「ＭＭＴ」の輸入を禁止したのです。するとその添加物を生産している米国企業が、「確実な証拠もないのに、輸入規制している」と主張し、同じように行政の間接的収用だとして国際投資紛争解決センターに提訴しました。このケースも結局、カナダ政府が一三〇〇万ドルの罰金を支払って和解したのです。国民の健康を守るという正しいと思われる行政措置をして訴えられて、お金を払って解決をしたのです。

三番目もカナダ政府と米国企業の間で起こったケースです。米国の製薬会社に対してカナダ政府は、多動性障害治療剤「ストラテラ」の臨床実験が不十分であるとして特許を与えなかったため、製薬会社はまずはカナダの裁判所に提訴しました。しかしカナダの裁判所が却下したため、今度はＩＳＤＳ条項で国際投資紛争解決センターに提訴し、一億ドルの損害賠償を求める訴訟を行いました。結局、カナダ政府が罰金を払ったのです。

行政が負ける―ＩＳＤＳ条項

国民の健康や命を守る法律にのっとって、行政が判断しても訴訟をされる。そして訴えた企業が勝ち行政側が必ず負ける、というシステムが作り上げられていくのがＴＰＰなのです。ＴＰＰにあるＩＳＤＳ条項は、実質的に地方公共団体の行政判断よりも、または国会決議よりも、さらには最高裁判所の判決よりも上位に位置すると見ていいのです。

ある弁護士がＩＳＤＳ条項について次のように表現しています。「国際投資紛争解決センターの下に、国権の最高機関であった唯一の立法機関の国会が来て、日本の国会はこの国際投資紛争解決センターの判断に従う。最高裁判所の上位にこのセンターが来る。実態的に国の主権がなくなっていく」と。もともとＩＳＤＳ条項というのは、モンゴルとか中央アジアのウズベキスタンとか西側諸国にとって法律体系が必ずしも十分でない地域に、西側諸国の企業投資した時に予想しないような思わぬ被害を受けても企業や投資家を救済できるように設けた条項です。

ところが大企業や多国籍企業がこれに目を付けたのです。法律が整備されている国に対してもＩＳＤＳ条項を適用させて、自分たちの主張を貫ける社会システムに変えようとしているわけです。

日本は米国との間で多くの交渉を続けてきました。日米構造協議が一九八九年(平成元年)から九〇年の間にあり、九三年(平成五年)には日米包括経済協議がありました。このような交渉の場で電気通信や医療技術、保険・金融のサービス、自動車など、さまざまな問題が協議されてきました。

その協議の中で日本の独占禁止法の改正、大規模小売店法の廃止、健康保険に対する本人の三割負担、郵政事業の廃止、法科大学院をつくる司法制度変革、労働者派遣法のさらなる改正などにつながっているのです。

日本の社会システムが変えられていく

これらの制度改革は米国の圧力、いわゆる外圧のもとで行ってきた側面がありますが、正しいか正しくないかは別として、日本人自らが法律をつくるなり改正するなり決めてきたのです。もしもその法律に問題があれば、新しい法律をつくるとか改正し直すことで、元に戻すことができます。

ところがＩＳＤＳ条項があると、海外から進出してきた企業や投資家が「日本の法律や行政判断によって利益を侵された」と国際投資紛争解決センターに訴えると、海外企業はカナダやメキシコの例を挙げるまでもなく勝っていくのです。日本の自国の判断ではなく国際投資紛争解決センターの判決で日本の社会システムが変えられていくのです。基本的に大企業は自分たちの主張を同センターで通すことで、日本の社会を変えていけるようなシステムが出来上がっていくわけです。

そうなると日本のさまざまな分野で問題が生じてきます。日本の報道はＴＰＰでは農業問題を大きく取り上げていますが、それだけではありません。最大の問題となるのは、私は医療だと思っています。

私たちは病気になった時に、お金がないから医者に診てもらうのを止めようと思ったことはあるでしょうか。あの病院は高そうだから別の病院にしようということは、あるかもしれません。しかし病気になってもお金の問題で医者に行くのを止めると思うことはないはずです。

しかし日本のように全国どこでも診察が受けられる国民皆保険の仕組みがない米国では、医療費の支払いを気にして病院に行かない国民がたくさんいるのです。国民皆保険は、国民が日本のどこにいてもだれでもが医療を受けられるとても素晴らしい制度です。

ＴＰＰが締結されると、米国の医療機関や製薬会社はこの国民皆保険を自らの利益の障害になると見て、国際投資紛争解決センターに提訴してくるでしょう。もしくは日本自らが米国企業の意に沿うような制度に変えるかもしれません。いずれにしてもＴＰＰで米国のような医療を受けられない国民が出てくる状況が起こると思われます。

TPPで日本の医療は崩壊する

先日、札幌市にある北海道がんセンター名誉院長の西尾正道先生とお会いしました。西尾先生はがんの放射線治療を通じて日本のがん医療の問題点を早くから指摘されてきた私の尊敬する医師ですが、その西尾先生から著書『正直ながんのはなし』(旬報社、二〇一四年八月刊)をプレゼントしていただきました。この本の中で西尾先生はTPPと医療についても触れているので、少しご紹介したいと思います。

「TPPで日本の医療はどうなるのか」という章に、二〇一三年三月の『タイム』誌に掲載された「医療が米国の経済と財政を食い物にしている」という特集記事に触れて、西尾先生は「米国の医療が利潤追求だけで動いている現実が明らかにされていました」と述べています。

タイム誌の報告によると、米国の医療費はGDPの約二〇パーセントを占め、国全体で二・八兆ドル(一ドル一〇〇円換算で二八〇兆円)であり、日本の医療費の七から八倍となっています。そして家庭の破産の六二パーセントは医療費が原因であると指摘されているのです。西尾先生は「TPPによって医療もグローバリゼーションの波に影響されることは避けられないでしょう」と指摘しています。

さらに西尾先生はその著書で「TPPの締結に向けて一番ロビー活動をしているのは医療業界です。米国のロビー活動についてデータによると、製薬会社と医療業界が五三〇〇億円、防衛・ミサイルなどの軍需業界が一五〇〇億円、製油・ガス関連業界が一〇〇億円を使っています。いかに医療というものがターゲットになっているかがわかります」と書いています。

そして「このままでは日本の医療保険の三つの特徴である国民皆保険制度、フリーアクセス、現物給付のシステムの維持は困難となり、輸入している薬剤の価格も格段に上がり、医療崩壊を引き起こすことが予測されます」と警鐘を鳴らしています。西尾先生が書かれているようにＴＰＰは決して一産業の分野にとどまる協定ではないのです。日本国民全員に関する分野に影響が出てくるのです。

農業団体の集まりで同じようにＴＰＰの話をさせていただく機会がありましたが、私はその場でお願いをしました。「ＴＰＰは農業だけの問題じゃありません。農業よりもはるかに深刻な問題を抱えています」と。先ほども言いましたが、一番大きな問題は医療です。日本の国民皆保険は、国民の命と健康を守るとても素晴らしい制度です。

安倍政権は何でこの国民皆保険の制度を捨てるような選択をするのか。これも日本国民の命と健康よりも、米国の医療業界や製薬会社の利益につながるからなのでしょうか。

城壁で守られる米国の安全

米国に娘がいまして、その娘のところに会いに行った時のことです。当時私は防衛大学校を退官した時で、お金もなくどこに泊まろうかなと思っていたら、ある地元企業の人が「うちの社宅に来てください」と言うので、その社宅にお世話になることにしました。

その企業の方が「社宅はロサンゼルスから車で一時間ぐらい行ったところにありますが、そこは全米一安全なシティーと言われているから、安心して泊まってください」と言うのです。私は言っている意味がよく分からなかったのです。ロサンゼルスというのは全米で有数な犯罪都市です。そこから一時間離れたところに全米一安全な市があると言うのです。どうなっているのか。行ってみて分かりました。

四〇〇から五〇〇軒の家が建っているのですが、その家の周りが全部城壁で囲まれているのです。

塀じゃないのです。本当に城壁です。外からは入れないのです。城壁に入った人たちが、城壁に守られて生活しているのです。つまりその周辺がどれぐらい荒れていようと、その人たちには関係がないのです。

今、米国はそのような社会に入ったのでしょう。城壁の外で困っている貧困層の人とは関係がない、一般の人たちは自分たちが安全で繁栄すればいいと思っているのです。これが米国の主流になってしまったのです。

そして今、日本もその道を歩もうとしているのです。

世界のモデルにもなった日本

イギリスのBBC放送は二〇〇六年（平成一八年）から一二年（同二四年）の間に、「世界で最も発言力を増してほしい国はどこか」という調査をしました。その六年の間に米国、フランス、ドイツ、日本、中国といった重要な国はほとんど入っています。この中で日本は何回トップになったと思いますか。四回もあります。二〇〇六年からの六年間、日本というのは世界の一つのモデルだったのです。

考えてみるとそうです。日本は戦後七〇年間、一度も戦争をしていません。米国やイギリス、フランスは、夜中には歩けないところが街中に必ずありますす。ピストルで撃たれるかもしれないので、怖くて歩けない。

しかし私たち日本そういう社会にはならなかった。国民のほとんどが「私たちは中流階級だ」と言っていました。そういう社会をなぜ私たちは捨てなければいけないのでしょうか。

貧困層を切り捨てなかったかつての日本

日本社会のモデルは、映画『三丁目の夕日』の中にあるのではないかと思っています。主人公の作家は芥川賞を取りたいと思っているけれど、それはかなわない夢で、貧困のど真ん中にいます。

そこに中学生の男の子が舞い込んできて、作家志望の貧乏人と一緒に生活を始めるのです。そして近所の回りの人たちが、みんなで二人を支えていくのです。そうこうするうち、その子どもを取り返しにお金持ちのお父さんが現れるのです。男の子はお金持ち父さんよりも貧困の真っただ中にある作家と一緒に生活したいと言う。実は一九六一年(昭和三六年)に国民皆保険制度ができた時、そのような姿が日本にはあったのです。

映画にもあるように、地方や農村、労働者や貧しい人たちを切り捨てるということを、日本の社会はしてこなかった。もちろん大手鉄鋼会社や自動車メーカーなどが高度成長を支えて日本が繁栄してきましたが、貧しい層や苦しい層も一緒にやってきたのです。

地方や農村にいる彼らを支えたのが自民党だったと思いますし、自民党はそれを誇りにしていた。国民のほとんどの人たちが「私たちは中間、真ん中なのだ」「富んでいないし、貧しくもない」と思える、そんな素晴らしい社会を戦後七〇年の間、私たち国民はつくってきたのだと思います。

それは偶然できたことではないのです。農漁村における金融機関、地方に根付いた金融機関、労働者に対する住宅資金の手当てなど、さまざまな社会制度を意識的に使って、日本社会の全体を底上げしてきたのです。それが日本の社会を成功に導いていったのだと思います。

米国と同じ道を歩むのか

米国のノーベル経済学者スティグリッツは、米国国民がなぜこの三〇年近く苦しんできたのかを分析しました。米国は一九八〇年以降、格差社会になりました。裕福層は増えたけれども、中流層はそのころから所得が伸びなかったのです。すると国全体の消費が伸びていかなくなり、米国経済が次第に停滞していった。スティグリッツはそう見立てたのです。

日本の経済を本当に繁栄させるなら、一番の近い道はいかに所得の均衡を図るか、平等な社会をつくるか、ではないかと思います。競争を繰り返すのではなく、互いに助け合い分け合っていく社会を改めて創り上げていくことだろうと思います。貧困層を切り捨てる形で社会を構成して繁栄しても、決してそれは私たちが望むような社会にはならないでしょう。

冒頭で私は「日本の進む道に大変な危機感を持っています」と述べました。今、日本は大きな曲がり角に来ています。今ならまだ自分たちの手でかつてのような平等な社会をつくれます。しかしISDS条項のあるTPPに加入すれば、かつての日本の姿は消えてしまうでしょう。日本社会を日米などの大企業の理念や行動で運営していくとしたら、一パーセントとか一〇パーセントの裕福層と残り九九パーセントとか九〇パーセントの貧困層に分かれていきます。日本国民がどちらの道を選ぶのか、TPPで問われているのです。

米国でも増えているTPP反対派

米国の有識者の中からもTPPに反対する人は増えてきています。『タイム』紙で「世界で最も影響力のある一〇〇人」に選ばれているコロンビア大学のジェフリー・サックス教授もその一人で、『ハフィトン・ポスト』でＴＰＰに反対する理由を五項目を挙げています。とても示唆に富んでいますので紹介します。

サックス教授が挙げたのは、①ＴＰＰは貿易協定ではない。投資家保護の協定である。②ＴＰＰは持続可能な発展、環境、不平等の拡散を無視している。③ＩＳＤＳ条項は国家との関係で正常ではなく、企業側に一方的な力を与えている。④ＴＰＰ交渉の全過程が透明でない。これだけでもこの協定を排する理由がある。⑤オバマ政権は雇用、所得配分、経済成長と貿易などに関する分析を提示していない―の五項目です。

その上でサックス教授は「私はグローバリズムや外国への投資には賛成だが、現在のＴＰＰ合意には反対である。グローバリズムの推進といっても、勝利者だけでなく敗者に対する配慮があるものでなければならない。今のグローバリズムの延長であるＴＰＰは、パイを大きくするが貧しいものへの負担を増大させ、不平等の拡大と金融危機と環境破壊を伴うものである。ＴＰＰはこの路線の延長を加速させるものである」と総括しています。私も同感です。

『日米開戦の正体』での教訓

冒頭で触れた『日米開戦の正体』では、国力の差が歴然としている米国に対して真珠湾攻撃を仕掛けるまでに至った「史上最悪の愚策」について、日露戦争の勝利から解き明かしました。

日本と米国が戦争をするなんてあり得ない選択でした。しかし日本はそれを実行に移しました。「真珠湾攻撃の愚」と、「原発、ＴＰＰ、消費税、集団的自衛権の愚」は比較すると、驚くべき共通項があります。

それは①本質論が議論されない②詭弁、うそで重要政策が進められていく③本質論を説く邪魔な人間と見なされる人物は排除していく—の三点です。安全保障関連法案の衆参両議院での安倍政権の対応を振り返れば、よく分かると思います。安倍政権は、権力者を縛る立憲主義と国民が主権者である民主主義を踏みにじったと言ってよいでしょう。

この危機に際して国民にいかに頑張る力があるかどうか、その力量が今問われています。それが欠如すると特定の権力を持った勢力が彼らの利益のために、国をとんでもない方向に持っていくことになります。それが今まさに起こっているのではないでしょうか。

『日米開戦の正体』を書き上げた中での教訓を挙げるとすれば、それは「発言すべきことを発言できる、それを確保する社会を維持していくこと」だと思います。日米開戦へと進む過程で、おかしいという考えを持っていた人は、軍部にも外務省にも政治家にも、新聞記者にもいました。それが圧力を受けて、次第に発言できない社会になっていったのです。これが「真珠湾への道」の最大要因です。

「自分が正しいと思うことを述べる」社会を維持すること。そのために国民が声を上げ、行動し、闘うことが、ＴＰＰを止める力にもつながっていくと思っています。

TPP5つのキケン ①

食の安全

遺伝子組み換え食品

TPPにはとても恐ろしい危険がいっぱい。この本では、その中から五つの代表的なものを選び、「TPPの五つの危険」としました。絵と文字で易しく解説していきます。一つ目は「食の安全」です。

みなさんは今食べている食品が安全で安心だと思っていますか。おおまかに言えば、北海道や国内で作られた農畜産物はほぼ安全で安心できます。しかし、輸入農畜産物となると話は別です。

最初に遺伝子組み換え食品の話です。特定の除草剤をかけても枯れない大豆、実を食べた昆虫が死ぬトウモロコシ、普通のサケの二倍も体が大きいサケ、人間の乳を出す牛……。世界では今、こんな遺伝子組み換え生物が人為的に、大量に作られています。

いずれもそういう生物のタネや除草剤を多く売ってもうけるための物ですが、ヒトがこれらを食べた時の健康上の問題を指摘する研究が多く発表されています。中には、二年間食べさせたネズミの多くが発がんしたという研究もあります。

ですから日本の消費者の多くは「遺伝子組み換え食品は食べたくない」と思っています。道民のアンケートでは約八割がそう言っています。しかし、輸入農産物が増えて、日本の農家が農業を続けられなくなったら、組換えであっても輸入農産物を食べざるを得ない、という事態になるでしょう。

ドレッシング
MILK
食品添加物
成長ホルモン
遺伝子組換え
BSE

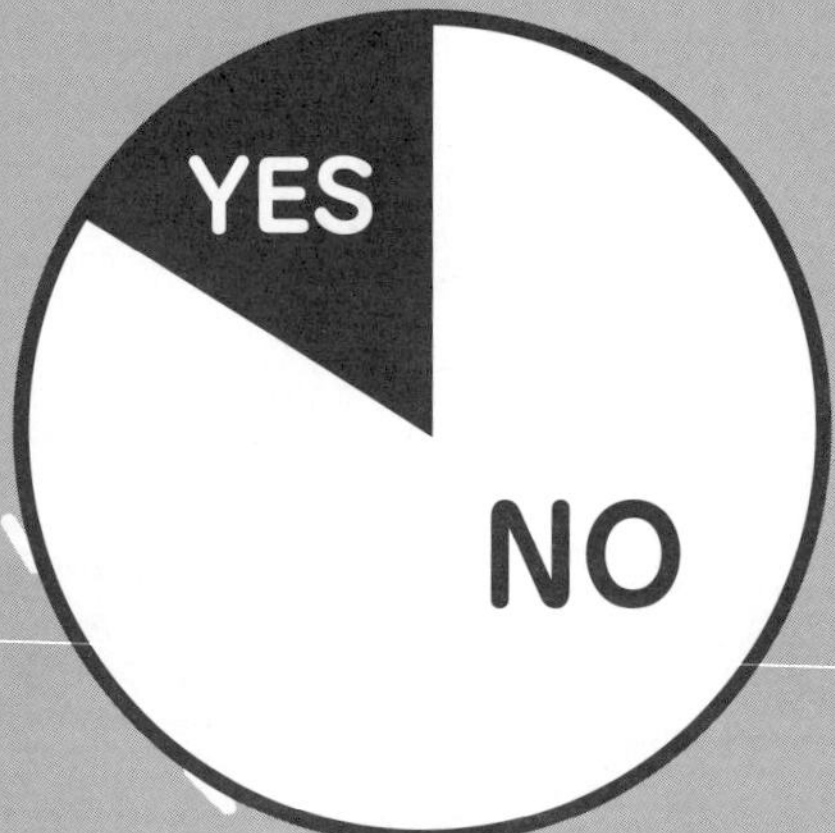

道民の8割が
「GM食品は食べたくない」

（2014年度道民意識調査より）

「組み換え」表示は禁止に？

遺伝子組み換え作物輸出国は「『組み換え』の表示はするな」と要求していますが、それを受け入れたら、納豆などには「遺伝子組み換え大豆を使っていません」と表示できなくなり、私たちは食品を選べなくなります。

BSE

BSE（牛海綿状脳症）の問題も深刻です。米国では、育てた牛のうち一パーセントも検査していません。その米国産牛肉の日本への輸入が最近増えています。BSEと、これを原因とするクロイツフェルトヤコブ病についてはまだ謎が多く、日本が全頭検査をやめたことで、再発が心配されます。口蹄疫や鶏インフルエンザ、豚インフルエンザなどの猛威が国境を越えて広がっているのは、検疫体制が不十分なまま農産物貿易が増えていることと無関係ではありません。

牛や鶏の肉や乳の量を増やすため与えている「成長ホルモン剤」という薬を知っていますか。少なくとも米国と豪州は牛に与えています。この薬はヒトなどに発がん性があるため、欧州は米国産牛肉の輸入を認めていません。ところが日本は逆に、輸入量を増やしているのです。

他にもアレルギーや発がん性の問題がある防かび剤をはじめ、収穫後の作物にかけるポストハーベスト農薬は、日本国内では使用が認められていないにも関わらず、輸入の時は「食品添加物」と称して、認められ、使われています。

安物買いの命失い

日本がTPPに署名・参加することになれば、「関税ゼロ」の効果のため、今よりも多くの農畜産物が安くなり、輸入が増えるでしょう。安ければいいのでしょうか。食料自給率がさらに減って、食料安全保障が脅かされるだけでなく、食の安全がさらに危うい事態になり、「安物買いの命失い」になるのは目に見えています。

POINT

1. 遺伝子組み換え、ＢＳＥには問題や謎が多い！
2. 欧州では成長ホルモン肉禁止！　日本では輸入増！
3. ＴＰＰでは安い外国産が増える・・本当にいいの？

第2章　本格グローバリズム時代に北海道を守る道

北海道新聞編集委員
久田徳二

どのような北海道を構築するのか

豊かな地域をつくり直すために

日本が、本格的なグローバリゼーションの時代にすでに突入しており、食と農をはじめ、医療や教育、地方行政など多くの分野のあり方や制度が、グローバリゼーションに適合するように、変えられつつある—。本書の第1章、第3章、第4章からは、列島を覆うそんな大きな流れが見えてきます。

北海道と日本は、その大きな流れの中で、どのような生き方をすればよいのでしょう。私たちは具体的にどのようにしたら、北海道と日本を、その流れから守ることができるのか。環太平洋連携協定(TPP)参加など新たなグローバリゼーション強化の取り組みを阻止することはできないのだろうか。それが本章のテーマです。

TPPが日米両国政府主導の下、合意の方向に踏み出しました。協定調印・発効へなだれ込む危険性をはらんだ状況になっています。しかし、米国内のグローバリゼーションへの反対世論は強く、日本は国会が承認しなければ調印・加入はできません(注1)。挫折、漂流する可能性は消えたわけではありません。国会承認までにはまだ少し時間があるはずです。その時間も利用して、頭を冷やして考えましょう。

万一、TPPが発効してしまった場合は、日米両国政府はTPPよりもさらに広範囲で強力な協定を求めるでしょう。グローバリゼーションをどんどん進めていかないと、資本主義が継続できないのかも知れません。その意味では、もっと長い目で見ることも必要です。

グローバリゼーション本格化の時代に突入した今こそ、立ち止まって、じっくり考える必要があります。私たち自身がグローバリゼーションをどうとらえるかを。ヒト、モノ、カネを、国境を越えて動かす巨大な資本が一層膨らんでいく一方で、人々の暮らしと文化、地域の産業と社会、そして環境や国の主権までもが、ゆがみ、あるいは崩れつつあります。私たちの時代にそれらを守らなくてもいいのでしょうか。これから一〇年、二〇年で、地域と国を豊かなかたちにつくり直していくには何が必要か。私たち自身がどのような北海道を構築していけるのか—。

まだ、答は見つかってはいませんが、道民のみなさんで一緒に考え、力を合わせたら、解決の方向性が見えるかも知れません。

「守る道筋」のアウトライン

私が所属する北海道農業ジャーナリストの会（略称・HAJA《ハジャ》）は、二〇一〇年（平成二二年）から、TPPの情報収集と問題分析を始め、TPP学習会講師団をつくって内部学習も重ね、全道で二〇一二年二月から四年弱の間に合計一〇〇回以上の学習会に講師を派遣してきました。太田原高昭先生、中原准一先生、東山寛先生をはじめ、私を含めた多くの講師が主に道内各地に出かけて、農家や都市住民の方々と議論を重ねてきました（注2）。

その中で、私には、一つの道筋のようなものが、うっすらと見えてきたように思えます。こうすれば北海道と日本の産業と暮らしと地域を守れるのではないか、という道筋の一つです。

その道筋のアウトラインを描くとこうなります。

◇

世界のグローバル化と一緒に日本がその方向に進むなら、日本の食料自給率のさらなる低下も予想されます。しかし、日本の食料基地＝北海道は、食料自給と食料移出が可能な地域になるよう、なんとしても生産の維持継続に努力していくことでしょう。

万一、日本がＴＰＰに参加することになれば、食料自給率は激減します。世界の食料需給ひっ迫時にはパニックが起きるでしょう。国内農業が極端に衰退し、輸入品を食べるしかない事態も生じます。安いが安全でない低品質の農産物、例えば成長ホルモン剤や抗生物質漬けの畜肉、農薬漬けの農産物、そして皆さんが嫌いな遺伝子組換え作物などを食べているかも知れません。

でも北海道だけは違います。北海道の健康な大地と海が生み出す安全安心で高品質の食料がありますから。生産さえ維持されていれば心配はありません。「道産食品を分けて欲しい」と願う人たちには可能な限り提供します。そのためには北海道の一次産業が持続可能になるように、その人たちにしっかり支えてもらいます。

支え方は多様ですが、柱は道産食品の継続的な購入です。北海道の農家が経営を続けられるだけの適切な価格を、生産者側が付けます。安売りはしません。外国農産物と同じ棚には並べません。本当に道産品が欲しいと思い、本当に支えてくれる人にだけ売ります。

その仲間に入りたいと思う消費者はすぐに増えるでしょう。食は、他の何にも替え難い「命の糧《かて》」ですから。大地に根ざした営みとその恵みは、人々の心と体の健康の素ですから。

仲間は国民の一割いれば、現在の北海道の生産水準を維持できます。仲間がそれより増えれば、北海道の生産量を増やせます。道外の他の地域でも同様の仲間づくりを行い、それぞれの地域の生産力を高めることができます。地域間連携を強めれば国全体の生産力は高まるでしょう。

もし、農業と農協をつぶす政策を続ける政府であれば、もう頼ることもできません。補助金も減るでしょう。外国の言うことばかり聞き続けている政治家や役人なら、もう外国農産物だけ食べてもらえば良いのです。何を食べるかは自由ですから。でも北海道は、そういう人たちに、大事な食料は売りません。もう救いの手を差し出しません。作り手には売らない自由もあるはずです。

実際、売る余裕が無いかもしれません。もし、ＴＰＰに参加するようなことがあれば、この北海道でさえ、食料自給率は二一〇パーセント（二〇〇八年）から一気に八九パーセントに落ち込むと予測されています（注3）。一〇〇パーセントを下回るのですから、道外移出や海外輸出などをする余裕はないのです。

北海道は、北海道を支えてくれる人たちに提供する食を生産するために、あらゆる努力をします。その「産消（生産者と消費者）」の信頼関係を築くことができれば、もう、グローバリゼーションは怖くありません。

将来、基盤の一次産業と関連産業が安定した上で、自然エネルギーの生産供給システムが充実し、原子力発電所や核廃棄物処理場などが無く、人々が住める安全な空気と水、耕すことができる豊かな大地を持続的に確保できれば、さらに、教育や福祉など地域の仕事を自立的にこなしていく人材が活躍できれば、北海道は日本一、いや世界一幸せな地域として自立していくことができるでしょう。

◇

この構想について、各地、各方面でお話したところ、びっくりするくらいの反応をいただきました。「それは面白い。やろう」「運動としてやるべきか、政策とするべきか」「本当にできるのか。実現可能性をもっと研究してくれ」などの声です。「本にまとめて欲しい」という声もいただきましたので、その気になって書いてみました。

まだまだ「思いつき」の域を出ていないのですが、太田原高昭先生はじめ諸先輩に相談に乗って頂いたところ、「アイデアを机の上に出すのは良いことだ。どんどん出そう」「今後の研究テーマとしても面白いじゃないですか」などの言葉をいただいたので、調子に乗ってまとめてみました。

着想は、私が近年取材させていただいた国内のいくつかの事例の中にありました。まずその中から三つの事例を紹介したいと思います。

三つの事例を手掛かりに

「モクモク手づくりファーム」

最初は二〇一二年（平成二四年）の秋に取材した三重県伊賀《いが》市西湯舟の株式会社「伊賀の里モクモク手づくりファーム」（以下「モクモクファーム」と略）です。同県北西部に位置する伊賀市は、江戸時代は、「もくもく」と煙幕の煙を立てていた忍者「伊賀もの」たちが過ごしていた「忍者の里」です。紀伊半島の真ん中を南北に走る山々の一角、ゆるやかな丘陵地帯に、一四ヘクタールの農業公園が広がっています。

農事組合法人がそこで自ら生産、加工しながら、公園内外で直売したり、調理したり、通信販売したりしています。また食育活動や食に関する各種イベントまで展開しています。休日には一日二〇〇〇人、年間五〇万人が来園し、買い物や食事を楽しんでいます。学習とレジャーを兼ねた「食と農の体験テーマパーク」と言うべきエリアであり、温泉、宿泊施設も備えた体験交流型観光スポットでもあるのです。

少しゆっくり園内(注4)を歩いてみましょう。

公園の入り口を入るとすぐに見えるのがファーマーズマーケット「野菜塾市場」。自社と農業仲間が生産する新鮮な野菜や米、モクモク特製の豆腐などを販売しています。その向かいには「農村料理の店もくもく」。自社生産農産物を中心に使った料理です。近くには焼き豚専門店やカフェもあります。そして、園内の中心的販売施設である「モクモクショップ」(写真1)に入ります。ショップには、ファーム自慢の豚精肉、ハム、ソーセージをはじめ、自社牛乳、自社ビールなどモクモク製品がほとんどそろっています。このショップの奥に、有料ゾーンへの入り口があり、大人も子供も一人五〇〇円(三歳未満無料)を払って中へ。

林の中の坂を少し上がると、目の前に開けてくるのが、芝生のあちこちに小さいブタが歩き回っている広場(写真2)。その周りに、ミニぶたショーを観覧(写真3)できる「ミニブタハウス」、大きなログ造りのバーベキュービアハウス「Ｂｕｕ《ブウ》Ｂｕｕ《ブウ》ハウス」が建っています。この日当たりの良い丘で、のんびり飲み食べながら過ごす人がとても多いのです。

また少し坂を上がると、今度は「ハム・ウインナー専門館」、「地ビール工房ブルワリー」があって、予想通り、その奥に「Ｐａ《パ》Ｐａ《パ》ビアレストラン」となります。ここはホールが広く、各種パーティーや結婚式の会場としても使われます。別の丘にはミルク工房、ジャム工房も。こうした食品加工の工房群自体が見学やショッピングの場となっています。

牛や羊を飼う「小さなのんびり学習牧場」の教室では、黒板を使い「牛乳が出来るまで」の授業。突然、黒板がスルスルと上がり、裏側の舞台に牛がいて、搾乳体験ができる(写真4)という仕掛けになってい

写真１「モクモクショップ」

写真２ 広場

写真３ ミニブタショーの観覧

写真４ 搾乳体験も

写真５ ソーセージ手作り教室

写真６ 名古屋市内の直営レストラン

るのです（現在は学習メニューが変更されています）。

さらに、園内に三館ある「手づくり体験館」では、通年のソーセージ手作り教室（写真5）をはじめ、パンやお菓子などを手作りするなどの親子参加型講座を提供。三館で一日最大一〇〇〇人を収容できるが、週末は予約で満員です。こうして、多彩な食育プログラムを園内各所で展開しているのが大きな特徴です。モクモクファームは、全国食育交流フォーラムを二〇一一年から毎年開催するなど、全国の食育運動をリードしています。

「その昔は、山と田んぼしか無かった。ただ、豚を細々と飼っていた」と地元の人は言います。農業としての生き残りをかけ、養豚農家が一六戸集まって、一九八七年（昭和六二年）に農事組合法人を設立し、自分たちの土地にハム加工場を建設。ここでハム作りを始めたことから、農家たちの生きる道が大きく変わっていきました。

そのきっかけについて、社長（現在は会長）の木村修さんは「自分たちで加工して売れば、自分たちで値段を付けられるのだと気付いたことが大きかったですね」と話しました。それまでは素材を市場に出すのが中心だったのです。

アイデアマンで、新しい発想を次々に生み出す木村社長の周りで、夢がどんどん膨らんでいきました。コメ、野菜などを直営農場で、牛乳や乳製品を直営牧場で生産。それらを加工し、精肉のほか、ソーセージなど豚肉加工品や乳製品、パン、ジャム、お菓子、地ビールまで、生産加工販売の幅を広げていきました。

遠くに出荷するのでなく、自分たちの山の中で売ることを考えつき、購入に訪れた消費者に、山の中で楽しんでもらおうと、いろいろな施設を増やしていきました。高速道路もでき、名古屋からも大阪からも車で九〇分というアクセスの良さも受け、来園者は増えていきました。

どれもが、それまでの常識を破る試みでしたが、法人内でとことん話し合いながら、助け合いながら、一つ一つ、事業を積み上げていきました。個人と組織の力が活性化していきます。専務の吉田修さん（現在は引退）が大学時代に生活協同組合の活動をしていた経験が生きたのか、モクモクファームの躍進を支えたのは協同組合の精神でした。

生産から加工、調理、販売、観光、食育など幅広い活動は、各界から注目され、二〇〇五年度日本グリーンツーリズム大賞、二〇〇八年日本農業賞「食の掛け橋賞」など数々の賞を受賞。いわゆる「六次産業化」の全国最先進例としても評価され、近年は年間視察受け入れ数が三〇〇件のべ五〇〇〇人にものぼっています。

園外にも、直営市民農園とゲストハウス、県内と大阪、京都、名古屋などに合計一一の直営レストラン（写真6）を展開。また、クリスマスや正月用の料理、家庭向け食材セットの宅配など通販部門も手掛け、①農業生産②外食③通販の三部門で職員一五〇人、パート・アルバイト八五〇人、年間売り上げ五〇億円（二〇一四年度）となっています。

事業の基礎となっているのは、ものづくりの確かさです。消費者の求める「安全安心」と「おいしさ」を徹底追求するこだわり。木村社長と吉田専務はそこでは妥協しませんでした。できる限り農薬と化学肥料を減らす。加工品にはできる限り添加物を加えない。おせち料理の一品一品にまで、厳格な

「安心とおいしさ」の水準を求めています。

看板のハム、ソーセージについては、本場ドイツに若手職員を修業に毎年出しています。真っ先に出かけたのが、現在の社長、松尾尚之さん。ドイツの職人に直接学んだ松尾さんは「ものが確かでないと駄目、というのが基本」と確信し、ものづくりの基本的技術と精神をつかみます。その後、派遣した職員たちは、ドイツやオランダのハム・ソーセージのコンテストにも出場し、金賞を受賞するなど、技術レベルを上げていきました。

また、パンは地元産小麦と天然酵母を使用。ビールも小麦と麦芽は地元産。これらは技術的にはかなり難しいのですが、「他の土地では作れないものを作ろう」との情熱が実を結んでいきます。自社牧場で飼うジャージー牛の乳でチーズやバターも作っていきます。

「私たちは安全とおいしさの両立を土台に、農業の新しい可能性を追い続け、新しい価値を創り上げる挑戦を続けています」。私は当時の社長、木村修さんら幹部や社員のみなさんに、そうしたお話をうかがって感動し、同社の取り組みの中に日本農業再生のヒントがあるのではないかと直感しました。木村前社長は、こんな話もされました。「モクモクファームは自分たちの収穫物をそのまま市場に売るのではなく、徹底して自分たちが手を加えることによって、大きな価値を付加しています。農家が自分で加工販売するということは価格決定権を持つということです」と。

専務の吉田修さんは「われわれは『大衆』に売るのではない。『分衆』に売るのです」と言われました。分衆というのは大衆のうちの一部ということです。つまり、商品を、不特定多数の大衆に売るための大市場に出さなくともよい。自分たちの商品を良く知って、とても食べたいと思ってくれる人だけに売れれば良いというわけです。

木村社長は販売戦略の進化について、話してくださいました。「地場の人が地元産の物をひいきにする『地場産ブランド』の一つ上の『愛着ブランド』という新たな価値を目指しています。直接支えてくれる消費者との結び付き。農産物市場のグローバル化に勝てる道はそれしかありません」と。

「愛着ブランド」とは、「どうしてもここの農産物、加工品、料理を食べたい」「どうしてもこのファームに来たい」「モクモクファームが好き」「愛している」という気持ちがつくるブランドです。そういう愛着が、地域を越えて、徹底して顧客を惹きつけるのです。

モクモクファームのファンクラブ「ネイチャークラブ」の会員は年々増え、現在は全国に四万八〇〇〇世帯。通年入園無料、通販送料割引など多くの特典を受け、ファームで滞在したり、食育活動に参加したり、レストランを利用したり、とさまざまに楽しんでいます。

モクモクファームはすでに「分衆」を確実につかみ、グローバリゼーションに対抗しつつあるのです。

京都の都市農業

次に京都の話です。今日、京都に旅すれば、「京野菜」を看板にしている飲食店やホテルがいかに多いかにすぐ気付くはずです。「京野菜観光」と言ってもいいかもしれません。ユネスコ無形文化遺産に登録された「和食」の基本食材の一つは野菜。その「京野菜」の取材で二〇一一年(平成二三年)に訪れた際は、その多様さと歴史の面白さに驚きました。

京野菜にはどんな野菜があるか、をまず見てみましょう。「京の台所」と呼ばれる錦市場《にしきいちば》＝京都市中京区＝には「京野菜」がひしめいていました。「川政《かわまさ》兄弟商店」（写真7）はじめ青果店はもちろん、漬物店、飲食店などはほとんどが京野菜を扱っています。また京都の惣菜「おばんざい」の店にも、多くの種類の京野菜がありました。

真ん丸の形をした「加茂茄子《かもなす》」。ひょうたん形の「鹿ケ谷南瓜《ししがたにかぼちゃ》」。「九条葱《くじょうねぎ》」「聖護院大根《しょうごいんだいこん》」「万願寺唐辛子《まんがんじとうがらし》」など。とても個性的な顔ぶれです。それぞれには生産者の名前を記入した小さなカードが張られています。

「京野菜」には、京都府が指定する「京の伝統野菜」と、「京のふるさと産品協会」が認証する「京のブランド産品」があります。「京の伝統野菜」は①明治以前に導入②京都府内で生産－などが条件で三七品目。「京のブランド産品」は①イメージが京都らしい②出荷量が適正以上－などが条件で二七品目。いずれにも該当するのが「賀茂茄子《かもなす》」「聖護院蕪《しょうごいんかぶ》」「壬生菜《みぶな》」など一三品目です。これらを中心に、野菜の歴史や食べ方などを説明するカード（写真8）が作られています。

一九八九年（平成元年）、行政と農林水産業団体、流通業界が一体となり「ブランド認証事業」をスタートさせました。「京のふるさと産品協会」によると、「輸入品を含め、農林水産物の産地間競争が激化する中、『安心・安全と環境』に配慮し、品質が高い産物をブランド産品としてアピールしていく」のが狙いでした。

野菜の栽培出荷だけではなく、料理開発、加工品開発にも力を注ぎました。

下賀茂の閑静な住宅街に、京野菜の和食フルコースを提供している料理店「萬川《まんかわ》」がありました。その料理（写真9）は、「焼き賀茂茄子《かもなす》」「鹿ケ谷南瓜《ししがたにかぼちゃ》の煮物」などから成り、どれもが上品な味わい。「焼き

写真 8 説明カード

写真10 京野菜のプリン

写真12 腐りかけたナス

写真 7 「川政兄弟商店」

写真 9 「萬川」の料理

写真11「京野菜シュー」

万願寺唐辛子《まんがんじとうがらし》」は醤油をかけただけでとても美味しいものでした。

平安神宮の近くには中華料理店「京、静華《きょうせいか》」。やはり京野菜のフルコースです。スープにも点心類にもお茶にも、京野菜が豊富に使われていました。

また左京区のフレンチレストラン「エヴァンタイユ」は、お洒落な建物。メニューには京野菜がふんだんに使われた料理が並んでいます。「季節野菜の取り合わせ」や、京野菜で作ったプリン(写真10)もありました。

こうして、和食だけでなく中華、フレンチ、イタリアンの料理店も京野菜料理で腕を競い合っています。

加工品も多くの種類が作られています。レトルトカレーには「京野菜カレー」や「海老芋《えびいも》カレー」もあります。「海老芋」も京野菜の一つです。パックの京野菜ジュースといった飲み物も種類豊富です。

また中央区烏丸《からすま》の洋菓子店「クレーム・デ・ラ・クレーム」では「京野菜シュー」(写真11)を見つけました。「万願寺唐辛子」「紫ずきん」「丹波栗《たんばくり》」などの京野菜をカスタードクリームに練り込み、甘さと野菜の香りが絶妙な味を作りだしていました。

ブランド産品は高品質しか認めず、認証基準と認証マークを作りました。生産、流通、調理の各分野で「京野菜マイスター」(現在二一人認定)がブランド化をリード。「京野菜検定」試験を毎年実施し、「旬の京野菜提供店」に二〇〇店以上を認定しました。料理教室も繰り返し、府民にブランドが浸透していきました。

京都農業には、京野菜のブランド価値を確立して高めたという側面とは別に、大事な側面があります。それは、都市近郊農業と都市住民の関係です。

京都の街の比較的周辺部、例えば「洛北《らくほく》」とか「洛西《らくせい》」といった地区に、都市近郊農業が張り付いています。農家の経営面積は一ヘクタール前後の比較的小さい規模です。典型的なパターンでは、一ヘクタールのうち二〇アールほどの面積で自家飯米を生産します。自給ですね。残りの八〇アールのうち、半分から全部の面積を使って、たくさんの種類の野菜を栽培し、販売しています。

上賀茂《かみがも》地区でお会いしたある農家は、五〇アールほどのビニールハウスで一〇〇種類以上の野菜を作っていました。少量多品種です。一畝《うね》一種よりももっと細かく畑を分けて使い、一日中動き回ってきめ細かい管理作業をされていたのに驚きました。

もう一つ驚いたのは、畑の隅に大事そうに箱の中に置かれた腐りかけたナス（写真12）を見た時です。こういうものを道端に捨てるようなことは、京都の農家は決してしません。もしそんなことをしたら、種子を他人に盗まれるからです。自分の野菜の種子を外に出すようなことはしないし、他人の野菜に手をつけることもしません。

その農家は「京都の農家は、よその畑のもんは絶対になぶらしまへん」と話していました。他の農家の農作物には手を触れないというのです。先祖代々自家採種なのです。だから、作っている野菜は、隣の農家と似ていても違うものです。

京都府の農業試験場や京都市の特産そ菜保存ほ場は、こうした在来種、伝統野菜を、持続的に栽培できるよう、種子の保存と活用に努めています。種子を保存し、時々農家に発芽、栽培を委託して、種子を更新するという事業を今も続けています。京野菜のブランド化にはこうした縁の下の努力も欠かせません。

何百年もの間、個々の農家が独自の栽培、育種、種子保存などを積み重ねた上に、地域特有の野菜が生まれ、維持されています。賀茂茄子《かもなす》は賀茂地域独特のナス。九条葱《くじょうねぎ》は九条地域の独特のネギです。万願寺唐辛子《まんがんじとうがらし》は、万願寺周辺にしかない種なのです。

ところで、京都の野菜には、万願寺唐辛子のほかにも、聖護院大根《しょうごいんだいこん》や聖護院蕪《しょうごいんかぶ》といった、お寺の名前が付いているものがあるのはなぜだと思いますか。実は古い時代に京都の高僧、つまり偉いお坊さんが、中国に留学や修業に行った際、おいしかった野菜の種子を持ち帰ったそうです。また、全国から献上品などが集まったそうです。そして、まずお寺の境内に植え、うまく育ったら、檀家さんに分けて作らせたという話を聞きました。それで、お寺の周りの狭い地域でしか作られない野菜に、そうした名前が付いたのだそうです。

京都と言えば「寺社仏閣」のイメージが強く、「農業」の影が薄いと思っている人はいませんか。でも京都はまさにお寺が農業をしてきたのです。それが今も生きています。

京都農業は、都市と農村の関係という側面でも学ぶべき点が多いと思います。

京都の「振《ふ》り売《り》り」という言葉を聞かれたことがありますか。これは、農家が栽培した野菜を街に持っていき、直接、街の人に売る習慣のことです。

野菜は昔、頭の上のかごに載せたり、天秤棒に下げたかごに入れたりしていました。天秤棒のかごを振って歩いたのでこの名が付いたとも言われています。最近では大八車や軽トラックなどに載せて街へ行きます。

街では辻売りもしますが、一軒一軒戸別訪問しても売っていきます。農家は各戸の家族構成や野菜の好みまで知っていて、ちゃんと、それに応じた野菜を、勝手口で渡していきます。売り先が決まっているので、途中で予定外の誰かに「キュウリ五本売ってほしい」などと呼び止められても売らないこともあるそうです。

街の人も、「ナスはあそこの農家からしか買わない」などと購入先の農家を決めているのです。「命の糧」を頼っている特定の農家なわけですから、かかりつけの医師、つまりホームドクターにも似た「ホームファーマー」とも言うべき存在です。

何百年もの間、都市住民と農家が非常に強い絆を保ち続けています。みなさんがイメージする「市《いち》場《ば》」とは少し異なる取引関係ですね。非常に小さい共生関係のような関係が成立していて、結束しています。こういう関係は、おそらくＴＰＰがあっても、他のいかなるグローバリゼーションの波が来ても、ビクともしないだろうと私は感じました。

都市農業と都市の住民生活が、経済の面で持続可能な仕組みをつくり上げています。究極の「持続可能型都市近郊農業」と言えると思います。

ＣＳＡ＝地域が支える農業

次は、ＣＳＡについてです。ＣＳＡとは、Community Supported Agriculture の略で、一般に

「地域が支える農業」と訳されます。あるいは、地域と農業が相互に支え合うという意味を込めて「地域支援型農業」ともいいます。

農産物を市場《しじょう》に売らない産消（生産者と消費者）提携の一つで、農業の成果とリスクを産消双方で分かち合う仕組みです。この実践の道内草分けが空知管内長沼町の「メノビレッジ長沼」（以下「メノビレッジ」）。二〇一三年（平成二五年）に取材をさせていただきました。

大きな特徴は、農家が再生産可能な費用と所得を会員全体で拠出するという点です。その年の営農計画に基づき、労賃、機械費、燃料費、事務費などの経費と所得の総額を、会員数で割り、会員一人当たりの会費を算出します。二〇一三年度の場合は八〇人の会員が、一人年間三万七八〇〇円を播種前に納入しました。

耕作が始まる前の時点で農家の年間所得を保証するので、農家は安心して営農を続けられます。作物が不作でも払い戻しせず、豊作でも追加徴収しません。また会員は時々、農作業を手伝ったり、作物の配送を分担したりします。

農業の成果とリスクを生産者と消費者で分け合うこのシステムを、メノビレッジは一九九五年（平成七年）から実践し始めました。

札幌市の南東に位置する長沼町の緩やかな丘陵地帯。一八ヘクタールの農地で、水稲、麦類、大豆、菜種などを栽培しています。ビニールハウス五棟では、五月から翌年二月にかけて、レタス、トマト、ピーマン、小松菜など計五〇種類ほどの野菜を育てます。

農場内に穀類貯蔵庫、製粉所、パン工房、雪冷熱利用冷蔵庫などが点在。加工品として、小麦粉、天然酵母パン、みそ、菜種油、ジャムなどを製造出荷しています。
鶏舎で平飼いされる約五〇〇羽の鶏が、くず米やくず麦、くず野菜などを食べ、有精卵を産みます。
耕種部門の栽培はすべて有機栽培。無農薬無化学肥料です。肥料の中心は鶏糞堆肥。鶏舎から取り出す鶏糞を、ハウス内で乾燥させ、コメの籾殻などを混ぜて発酵させます。

カナダで有機農業とCSAの経験を積んだ、農家代表のレイモンド・エップさん(五五)が、荒谷明子さん(四五)と結婚して長沼町に移住しました。働き手は、夫妻をはじめ、研修生やパートの人も含めて一〇人から一五人ほどです。

有機栽培には、除草剤を使いませんから田も畑も雑草は手や機械で取ります。「取ります」と簡単に言える作業ではありません。重労働で、かつ長い時間がかかります。

害虫や病気を防ぐには、木酢《もくさく》という液体を作物に振りかけたり、虫が嫌う臭いを放つ忌避《きひ》作物を近くに植えたり、といった、とても多様な、自然に優しい技術を駆使します。

レイモンドさんたちは、経験と研究から、膨大な技術を身に付けていて、多くの有機農業研修者、あるいはCSA研修者たちが、泊まり込みでそれを学んでいます。

消費者がメノビレッジCSAの会員になる理由の第一は生産物の品質です。複数の会員の方々に聞きましたが、これらの有機農業生産物に対し「安全で安心できる」「野菜本来の味がする」などと評価をしています。

生産物の収穫は雪のない季節に原則毎週一回、農場から配送されます。野菜は旬の野菜のほか、雪冷熱利用の冷蔵庫で冷やしているタマネギやジャガイモなどの保存野菜です。

各会員は隔週で一セット六～一〇種類の野菜と農場からの手書きの「野菜だより」を受け取ります。「野菜だより」には旬の野菜の顔ぶれ、栽培歴、調理法、農場の様子などが書かれます。野菜は五月～一一月までで計一五セット。希望によっては追加料金で卵や米、パンなどのセット外農産物も購入できます。

配送の日は農家と従業員が、野菜を新聞紙などにくるんで、軽トラックに積み込みます(写真13)。消費者会員が野菜を受け取る方法は①農場まで取りに来る②戸別配達してもらう③会員が何人か集ってポストをつくり、まとめて配達してもらう―の三つです。

戸別配達に同行して取材しました。札幌市内のある会員宅では、「ピンポーン」に答えてすぐに主婦が玄関口に。農家研修生がセットの野菜をビニール袋など直接手渡します(写真14)。主婦も研修生も笑顔です。主婦は「やっぱり安心できますから。それにこうやって、農家の方と会えるのも楽しいでしょ」と喜んでおられました。

ポストの一つは、札幌市内の幼稚園でした。軽トラックから一〇セットほどの野菜を次々に降ろして園舎内に運ぶと、待ち構えていた会員がいました。ソファの横にセットの袋を並べると、他の会員たちが園内から三々五々集まり、自分の名前の袋を見つけて持っていきます(写真15)。

ソファの周りでは、会員と配送の従業員が、最近の農場の様子や野菜の食べ方などの話に花を咲かせます。この日は、少し余分に取れた小松菜が、セットのほかに「プレゼント」として配られ、会員たちの表情も一段とうれしそうです。

札幌市内のある会員(六八)は「有機栽培で安心して食べられるから会員になりました。葉菜類も根菜類も、とにかく味はいいし満足しています。野菜だよりも毎回読むのが楽しみ」と話していました。

写真14 直接手渡し

写真16 会員も田植え

写真18「フルベリー・ファーム」

写真13 軽トラへの積み込み

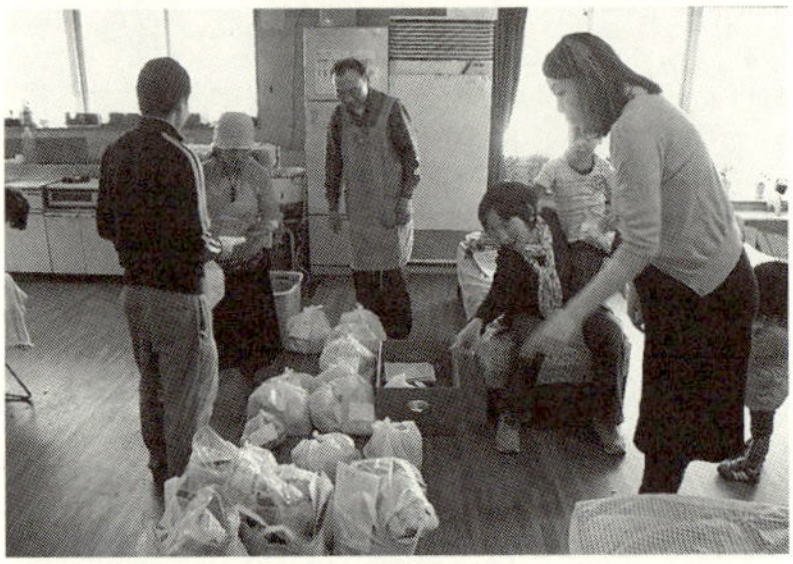

写真15 袋には自分の名前が

写真17 みんなで餅つき

会員は時々農作業や配送作業を手伝ったり、農場に集まって交流したりしています。産消が分離されておらず、一体感があります。「みんなのたんぼ」という活動では、会員が農場に集まり、一緒に田植え(写真16)、草取り、収穫をします。そのたびに、餅つきをしたり(写真17)、みんなで歌ったり踊ったりもします。

取材の日は、レイモンドさんが、翌年の取り組み「菜の花プロジェクト」について説明していました。昔、道内で栽培が盛んだった菜の花を新たに栽培し、搾油する計画です。遺伝子組換え大豆や菜種を原料とした食用油が多くなっている中、有機栽培菜の花のオイルを自給しようというのです。このプロジェクトは翌二〇一四年に実現しました。長沼町内では半世紀ぶりの菜種油生産です。きれいなボトルに入った「みん菜の花でつくったなたね油」が発売されました。

こうして、生産者と消費者の間には、農作業を手伝い、一緒に楽しみ、収穫物を分け合い、たくさん話し合うといった、家族・親類のような仲の良い信頼関係が築かれています。

札幌市内に住む会員の主婦は「農業体験をしているうちに、ここ(メノビレッジ)の人たちと、その農業に信頼を寄せるようになり、会員になりました。子供たちにとっても、ここが『故郷』になるといいなと思います」と話し、別の会員は「レイモンドさんや明子さんたちを信頼し、尊敬しています」と話していました。

実際にレイモンドさんたちは会員のことを「家族」と呼んでいます。農家は、その「家族」たちのために、有機栽培技術を駆使して、安全で安心できる食品を作る努力をしています。農薬を使わない分、除草や防除(病害虫から作物を守ること)に時間や手間がかかり、有機肥料の自家生産も大変な労働です。

そうした努力への理解と敬意が、会員の中にあります。食を通じた、強い絆ができています。ここではすでに、農産物は「商品」じゃないのかもしれません。少なくとも利潤を生み出すものではありません。豊作でも凶作でも会員の間で平等に分け合うのですから。食というものは命の糧なのだから、本来は商品でなく、お互いに分かち合うものなのかもしれませんね。

農家は必要経費と報酬を得られますから、産消の良好な関係が続いていれば、経営は持続可能です。会員は不作リスクなども受け持つのですが、家族のような農家が作った、安全で安心できる食を、常に食べることができます。消費者にとっても幸せなことでしょう。

重要な点は、この産消の関係が、市場と無関係だということです。ですから、将来、日本がもしTPPなどに参加し、市場に安い外国農産物が出回るようになっても、消費者がそれにほんろうされず、身近な関係を優先すれば、このCSAの運営も、消費者の健康な食生活も、持続可能型になるのです。

メノビレッジの活動は順調で、会員数はなかなか減りません。レイモンドさんは「会員数をこれ以上は増やしたくない」と言っています。ただし、参加したい消費者と農業者の両方が存在すれば、新しいCSAを設立することは可能です。レイモンドさんは、「もちろん個別のCSAで話し合って決めることになりますが、おおよそ五万円くらい出資する消費者が八〇人集まれば、新たに農家一戸の経営が成り立つようになるでしょう」と予測しています。

同様のCSAは現在、日本国内に一〇数例あるとみられます。農水省が二〇一〇年度(平成二二年度)に行った「CSAなど先導的取り組み」の委託調査の対象は全国で一二件。そのうち道内は、メノビレッジ長沼とファーム伊達家(札幌市)の二件でした(注5)。国内ではまだ事例は多くはありませんが、国外に目を向けると「大きな流れ」とも言える状況になっています。

米国農務省によると、ＣＳＡは東部、北西部、太平洋岸、中西部に広がっており、二〇〇七年の時点で合計一万二五四九ありました。このうち全米最大のＣＳＡは、カリフォルニア州ヨロ郡のＣＳＡ（注6）で、会員数一万三〇〇〇世帯を抱えます。

私がＣＳＡを初めて知ったのは米国留学していた一九九二年のことです。カリフォルニア州の「フルベリー・ファーム」（写真18）という農家がＣＳＡを実践していて、ここに二、三週間寝泊まりさせてもらいながら取材しました。

カリフォルニアは温暖なので通年で多品目の野菜を、「ＣＳＡボックス」という、会員向けの箱に詰め、トラックなどで配送していました。

彼らの収入源は、①ＣＳＡ②ファーマーズマーケット③都市店舗―の三つでした。②はサンフランシスコなど都市で開かれる農民市場。週末に目抜き通りを歩行者天国にし、たくさんの農家が直売店舗を出し、都市住民が買い物や音楽などを楽しみます。③は、フーズコープや有機野菜専門店などの都市の店舗。直接契約して、農産物を供給していました。

北米では、カナダにもＣＳＡは約八〇〇〇あり、このうち一九九五年から活動しているネットワーク「The《ザ》 Quebec《ケベック》 CSA network《ネットワーク》」（注7）は世界最大と言われています。米国とカナダを合わせた北米では、合計二万ほどのＣＳＡがすでに存在している計算になります。中米エクアドルにもＣＳＡが生まれています。

欧州ではＣＳＡと同様の理念とかたちの組織が、各国で特色のある名前で広がっています。フランスには二〇〇一年AMAP《アマップ》(注8)というフランス版CSAが誕生。二〇〇六年には参加農場が三〇〇を数えています。

スイスのバイオダイナミック農業の実践者たちは一九七八年(昭和五三年)、会員五〇人のCSA「レ・ジェルダン・デ・コンカーニュ」を立ち上げ、二〇〇五年(平成一七年)に会員は四〇〇に増加したといいます(注9)。

デンマークのバリッツコフ農場は一九九九年(平成一一年)に一〇〇家族にシェア(共有)農産物の供給を始めました。同農場による農産物宅配サービス事業「アールスタイデルン」は二〇〇四年(平成一六年)までに四万四〇〇〇人の顧客を獲得、この事業に一〇〇以上の農場が参入したとのことです(注9)。

イギリスでは有機農業認証機関「英国土壌協会」(注10)が「土地を耕す共同体」(注11)と呼ぶプロジェクトを立ち上げ、二〇〇五年から国内の産消提携活動を展開する組織をウェブサイトでも紹介しています。現在は一〇〇以上のCSAが活動しています。

ドイツには二〇から一〇〇の会員を持つCSAシステム「EVG」があり、ポルトガルにはCSAの「レシプロコ」があります。またベルギーには「フード・チーム」という名前のCSAがあり、二〇〇五年時点で一六〇〇世帯が九〇のフード・チームに加入しています。このほか、チェコやグルジア(ジョージア)にもCSAが生まれています。

CSAはアジアでも、中国、マレーシア、インド、パキスタンなどに広がっています。またアフリカでもベナンやアルジェリアにAMAPが生まれています。

そして二〇〇一年(平成一三年)には、国際的なCSAネットワーク「URGENCI《アージェンシ》」(注12)が設立されました。CSA、AMAP、レシプロコ、フード・チームなど、名前は違っても、共通の目標をもった、南北アメリカ、欧州、豪州、日本、アフリカなど各国の産消提携運動の代表者らが集まり、情報交換や連携交流を行っています。

このＵＲＧＥＮＣＩの会則にはこう書いてあります。「私たちＵＲＧＥＮＣＩの使命は産消提携を広く、世界的な規模にまで拡大することにある。この産消提携とは、農業者と消費者が対等に責任を負うことであり、農業者が公正な報酬を受け取り、消費者が持続可能な農業のリスクと成果を農業者と分かち合うものである」

グローバル時代の二つの道

三つの事例を通して、今までの農業のイメージとは少し違った、新しい農業の雰囲気を少し、感じられたのではないでしょうか。その感じは清新さと希望に近いものではなかったでしょうか。私たちが、そうした感覚を得るのは、まさに、グローバリゼーションの下で一般的に想像される農業と異なるからだと思います。そして、そのことは、私たちが、グローバリゼーション時代にどう生きるか、という問いに、異なる二つの生き方があることを示唆しています。

想像してみてください。すべての農畜産物、そして水産林産物の関税がゼロになって、安い外国の食べ物がどっと輸入されている日本を。相手は米国などの巨大なアグリ企業、つまり穀物メジャーだったり、遺伝子組み換え作物の種子を握る農薬企業だったり。国民は「安ければいいじゃん」などと言って、外国農産物をたくさん食べているかも知れません。北海道の農業と農村、地域社会は、存続が厳しい地域、作目などがいくつか出てくるでしょう。中には、「うちは高品質の農産物を輸出する」と頑張る人もいるかも知れません。

このような状況の下で、すべての農家、そして道民の生き方、食べ方が問われることになります。農家の生き方は、異なる二つに分かれるのではないでしょうか。その二つの生き方とは、一つは外国のアグリ企業に、価格や品質でうち勝とうとする農業。もう一つは、外国のアグリ企業に翻弄《ほんろう》されず、地域に根ざしていこうとする農業。この二つです。

第一の生き方は、安い外国農産物と真っ向から競争する生き方です。価格面で勝とうとすれば、経営規模の拡大、作業の効率化、農業機械や肥料などのコスト削減などに取り組むことになるでしょう。ただ、農家一戸あたりの平均農地面積では、日本が一・八ヘクタール、北海道一七・五ヘクタールであるのに対し、米国一七八・九ヘクタール（日本の九九倍）、EU平均が一五・八ヘクタール（同九倍）、豪州に至っては三二四〇・九ヘクタール（同一八〇一倍）という差（注13）がある中、果たして規模拡大はどこまで進めれば勝てるようになるのでしょう。

また、国内の、あるいは道内の農家とも競争することが前提となっていますが、どれだけの農家が生き残ることができるでしょう。高品質の農産物をつくって、あるいは高次加工して、輸出すればもうかる、と思う農家もいるかも知れません。輸出を否定するのではありませんが、農家みんなが可能なわけではないでしょう。また、国内農産物が供給不十分な時代に、輸出がどう評価されるでしょうか。輸出できる一部の企業的農業だけで、北海道農業が成り立つわけでもありません。

例えば農家のAさんが輸出で儲けたとしても、それはAさんだけの話かも知れません。AさんもBさんも、Zさんまで全員が輸出したとしたら、日本人は何を食べるのでしょう。

安い外国農産物が日本に入ってきた場合、日本の農産物は高くても高品質だから輸出すればいい、と言う人がいます。本当にそうでしょうか。日本のスーパーの棚に、例えば一〇キロ五〇〇〇円の北海道産「ゆめぴりか」と同一五〇〇円の米国産「カリフォルニアローズ」があったとします。どれくらいの人が「ゆめぴりか」を買うでしょうか。品質と価格を天秤にかけることになりますが、「ゆめぴりか」が苦戦を強いられることになるでしょう。道産米と米国産米のこの関係が、売り場が外国のスーパーの場合なら逆転するでしょうか。しませんね。つまり日本で負けるものは外国へ持っていっても負けるのです。

中国の富裕層なら、高くても高品質の日本の農産物を買うのでは、と主張する人もいるかもしれません。売れることもあるでしょう。しかし、良い物をどんどん輸出したら、いったい日本人はどんな物を食べるのでしょう。

現在の政府や財界などはこの「第一の生き方」の路線を支持、推進しているようです。政府が「攻めの農業」と言っているのは、どちらかというとこういうタイプです。少数精鋭農家だけ、または農業に進出した企業だけ生き残ればよい、という優勝劣敗主義的、競争的な路線が、果たしてみなさんの幸せにつながるでしょうか。国土と環境と地域と命が守れるでしょうか。

第二の生き方は、安い外国農産物とは競争せず、したがって翻弄されず、道内および国内の農家が手を取り合って、共存共栄的に農業を展開する生き方です。同時に生産者と消費者が支え合って共生的に生きていく生き方です。

もともと道内、国内農産物は平均して高い品質を持っていますから、これは心配ありません。問題は、経営が持続できるかどうかです。支え合う人々が多くて、システムがしっかりしていれば、消費者が支払うことができ、農家が続けていくだけの価格を設定できると思います。

農家には農業をしながら環境と国土、地域をも守ってもらっていますから、その報酬も必要ですが、そのような豊かな環境を支持する消費者は多いはずですから、やがて実現していくでしょう。

結果として、地域自給が可能となり、それが束になれば国として自給が可能なレベルにつながるでしょう。

結論から言えば、第一の生き方を完全否定するのではありませんが、みながみなそれなら、北海道農業は立ちゆかなくなるのではないでしょうか。頑張って支え合う第二の生き方こそが、この極端なグローバリゼーションの時代を生き抜くだけでなく、経営も環境も健康も、持続可能型に近づけていける方向性であると思います。

具体的にどうすれば良いのか、まずは、先ほどの三つの事例をヒントにしながら考えてみましょう。

日本農業再生へのヒント

三つの事例に共通する点をいくつか挙げてみましょう。

第一に良い物を作っていることですね。一次産品だけの場合もありますが、「伊賀の里モクモク手づくりファーム」(四四ページ参照)のように二次産品や調理品を手掛けている場合もあります。基本は安全、安心で、高品質で、新鮮な、おいしい物を作っています。近くで生産するものが最も安心できます。地産地消をベースに置いています。こういう農産物は、外国産と差別化され、外国産にも勝てるものなんですね。

第二には、農産物に適正な価格を付けて売っています。それは生産者が自己決定した価格であったり、会員との協議で決定した価格であったりします。大事なのはその決め方と同時に、価格水準ですね。再生産が何年も持続可能な価格、あるいは生産がゆるやかに拡大可能な価格にしているわけです。平たく言うと、農家が「やっていける」価格です。

第三に消費者の「囲い込み」に成功しています。モクモクファームは愛着ブランドを求める「分衆」にだけ売る戦略です。京都の振り売り農家（五五ページ参照）はお得意さん以外にはなかなか売らないし、都市住民は信頼している農家からしか買わない。ＣＳＡ（五六ページ参照）は会員制の閉じたサークルです。いずれも、外国農産物と同じ棚に並べられてはいません。

農家は適正価格と安定所得によって経営が持続可能になります。そのための「必要条件」となるのが、右の三つの条件ではないでしょうか。

それが基本で、その上に、生産者と消費者が、お互いに裏切らずに持続的に支え合っていられる信頼関係を築いていくことができれば、少なくとも、農業は持続可能になるし、消費者は安心して暮らせるのではないでしょうか。これこそが新時代の新しい生き方の「十分条件」なのだと思います。

三つの必要条件と一つの十分条件。これらがそろえば、一種の地域的自給システムと自律的経済の確立に近づきます。これこそが、グローバリゼーションに負けずに、北海道と日本の農業を持続可能型にしていく鍵ではないかと思います。

この新しい生き方のヒントをもとに、北海道農業がどのように変わっていったらいいか、どのような戦略を打てばいいのかを、整理してみましょう。ここからの後半が、ＴＰＰとグローバリゼーションという「経済戦争」に負けず、それを撃退しつつ、北海道と日本の農業を守り、豊かにする10の戦略です。

新時代に向けた10の戦略

戦略1　安全安心で高品質なものを作る

最も大事な土台が、安全安心で、高品質な物を作ることです。食べる人の血肉になり命となる物ですから。食べる人が避けたいと思っている農薬を必要以上に使ったり、道民の八割が食べたくないと思っている遺伝子組み換え作物であったり、発がん性が指摘されている成長ホルモン剤を使ったりはしてはいけません。放射性物質を振りかけてもいけません。

大地としっかり向き合って、環境と健康を大事にしながら、食べる人の立場に立って作る。これはこれまでも一次産業の現場の方々がやられていることです。ですから、基本は今まで通りでいいのです。また、農林水産業の一次産品をはじめ、二次、三次加工品についても、消費者が本当に求めるおいしさを追求しましょう。メノビレッジの野菜のおいしさは、無農薬有機栽培にかける手間と「家族」(会員)への愛情によって実現しています。京都野菜のおいしさの秘密は、何百年もの間に代々引き継がれた種子のDNAにもあります。モクモクファームのおいしさは、ハム、ソーセージからパン、ビール、お菓子に至るまで、徹底した「安全とおいしさ」の追求、地元産素材や手作りへのこだわり、つまり商品技術の集積が作り出しています。

良いものづくりがすべての基本です。この基礎が崩れたら、この先の戦略も、何もありません。このことが大事です。また、逆に言えば、この他の**戦略2〜10**は、この基礎を安定させるためにあるといっても良いのです。

北海道の食は圧倒的な人気があります。年間五三七七万人(二〇一四年度)もの人が観光で来道します。多くの人はおいしい食を楽しみに来道します。また全国各地で開かれる北海道物産展は常に満員。道産品が飛ぶように売れています。道産品への信頼度はかなり高いものがあります。その理由のど真ん中には、安全安心で高品質でおいしいという要素があります。プラスして、北海道の一次産業がお世話をすることで維持されている自然景観ですね。この景色の中で食べる魚介や肉、野菜、そしてビールは本当にうまい!

その意味では、「北海道ブランド」はすでに半分は確立しています。これをモクモクファーム並みの「愛着ブランド」に、これから高めていくことが大事なのだと思います。

ところで、この北海道ブランドへの憧れと渇望は、特に輸入農産物への不安の裏返しです。特に「遺伝子組み換え」「残留農薬」「成長ホルモン」という三大恐怖への不安。これらはすでに避けがたいものになっています。

二〇一二年九月、フランスのカーン大学が遺伝子組み換えに関する実験結果を発表しました。ネズミに二年間、除草剤耐性の遺伝子組み換えトウモロコシ、除草剤「ラウンドアップ」などを与え続けたところ、高い割合でがんが発生したというのです。また早死にも多かったとのことです(注14)。

二年間という時間は、ネズミの寿命に近い時間です。これまで、遺伝子組み換え食品を食べて短期間に表れる急性毒性を指摘する実験はありましたが、長期間の影響を確かめる慢性毒性試験はほとんど行われていませんでした。カーン大学がたぶん初めてだと思います。つまり、ほ乳類が一生、食べ続けた場合に、どのような影響が体にあるか、を示唆する結果が明らかになったのです。これは世界に衝撃を広げました。

水産業界でもすでに、北米で「遺伝子組み換えサーモン」が生まれています。体が普通のサケの二、三倍もある巨大なサケです。食べたいと思いますか？　私は決して食べたくありません。しかし、切り身やすり身の形なら日本に侵入してくるかも知れません。

残留農薬は、日本で認められていない種類が、輸入品には使われています。収穫後にかけるポストハーベスト農薬という物が、食べるまでの時間が短いから要注意です。特に船で一カ月くらいかけて運ぶ果物や野菜などは、防かび剤などが不可欠で、発がん性が指摘されていても、日本政府は輸入を認めてしまっています。輸入農産物には、航空冷蔵便などを除けば、ほとんどすべて、これらポストハーベスト農薬の不安を避けることができません。

また、成長ホルモン剤の影響もとても怖いものがあります。米国と豪州、カナダの政府資料によると、この三国では牛の飼育に使っています。家畜に注射などで与えて成長を促進し、肉や乳の量を多くするのが目的です。エストロゲンなどのホルモンで、がんの専門医に聞きましたら「発がん性は医学界では常識」とのこと。ホルモン剤使用が理由で欧州は、米国産牛肉の輸入を一九八九年(平成元年)から禁止しましたが、日本政府は逆に、九一年から輸入を開始しました。乳がん、子宮体がん、前立腺がんなど、性ホルモンに関係するがんの罹患《りかん》率が、欧州では減っているのに、日米では増えています。

東京電力福島原発事故を機に、放射性物質による食品汚染の不安も広がっています。知人の札幌市内青果店主は「三・一一で消費者の意識は確実に変わった。産地などの質問が増えた」と話しています。

こうした時代の流れに、消費者は敏感に反応し、変わり始めています。

一つの変化は「有機志向」です。米国では、「主に有機農産物を購入している」という消費者がすでに二割にのぼっています。日本国内でも、有機農産物の需要が根強いものがあります。

もう一つの変化は「自給志向」です。「いよいよ自分で自分を守らなければ大変なことになるぞ。食は命だものね」と思い始めています。そして、安心できる食べ物をインターネットで探して取り寄せる、信頼できる農家と友達になる、などの行動を始めています。「マイ農家」と言って、自分や仲間が頼りにしている農家を持つのです。究極の安全安心は自分で作ることです。つまり「自給が良いのではないか」という気付きが広がっているのです。テレビで芸能人が畑を耕す番組が増えてきたのも、こうした「自給の時代」の始まりを反映しているのだと思います。

戦略2 北海道の「自給・自立」を掲げる

日本最大の食料基地である北海道がもし、「自給・自立」を宣言したら、日本国内ではどのようなことが起きるでしょうか。想像してみてください。

食料自給率が一〇〇パーセントを超えている自給可能な都道府県はたった六道県しかありません(図1)。二〇〇パーセントほどの北海道を筆頭に、秋田、山形、青森、岩手、新潟の五県です。一方、低いのはどこでしょう。最低の東京都は一パーセント、大阪府と神奈川県が二パーセント、埼玉県が一一パー

図1　都道府県別食料自給率（カロリーベース）

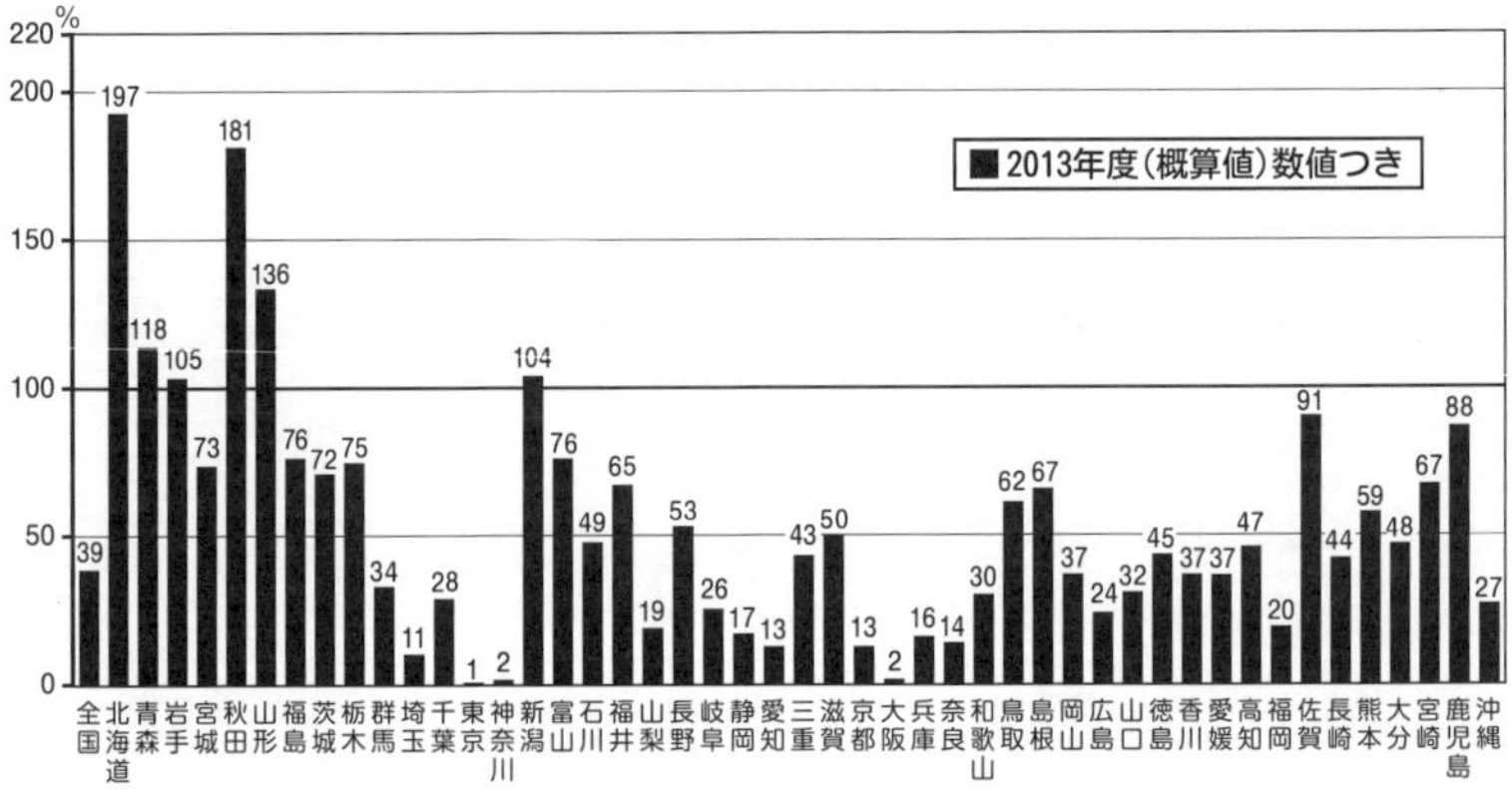

（資料：農林水産省統計）

セントです。都会の消費者は無関心でいられるでしょうか。「安い輸入品があるからいいよ」と言うでしょうか。

世界の食料生産力は伸びていません。むしろ、水不足と砂漠化、塩害、土壌流出などにより耕地面積が減っています。各地の異常気象、内戦などから、作物の収量も不安定で、自国民の食を優先する諸国政府がたびたび食料輸出禁止の措置を執行しています。また、トウモロコシを飼料で売るより儲かるという理由で、車の燃料に仕向ける国もあるので、食料、特に穀物の需給はひっ迫、または不安定になっています。結果として、穀物価格（シカゴ相場）は二〇〇〇年以降、高騰傾向が続いています。

さらに万一、ＴＰＰに参加するようなことがあったら、日本の食料自給率は現在の三九パーセントから一三パーセントに落ち、北海道でさえ、二〇〇パーセントから八九パーセントへと下がると予測されています。これら食料の安全保障上の不安が増していることに加えて、前述した食の安全安心への不安が増していることから、日本の消費者の中にも、自給志向が強まっているのです。

内閣府が「食料の自給と輸入に関する意識」を調査しています（図2）。それによると、「外国産より高くても、食料は生産コストを引き下げながら、できるかぎり国内で作る方がよい」と答える自給志向の人が、約三二パーセント（一九八七年）から約五四パーセント（二〇一四年）に増えています。「外国産のほうが安い食料については輸入する方がよい」の回答は逆に、約二〇パーセントから約五パーセントへと減っています。

こうしたことから、北海道が「自給・自立」を宣言したら、都会の消費者は「このままではまずいぞ」とまず、身構えるでしょう。大きなパニックになるかもしれません。今まで、黙って支えていてくれていた日本の「地方」の存在の意

図2　食料の自給と輸入に関する意識の推移

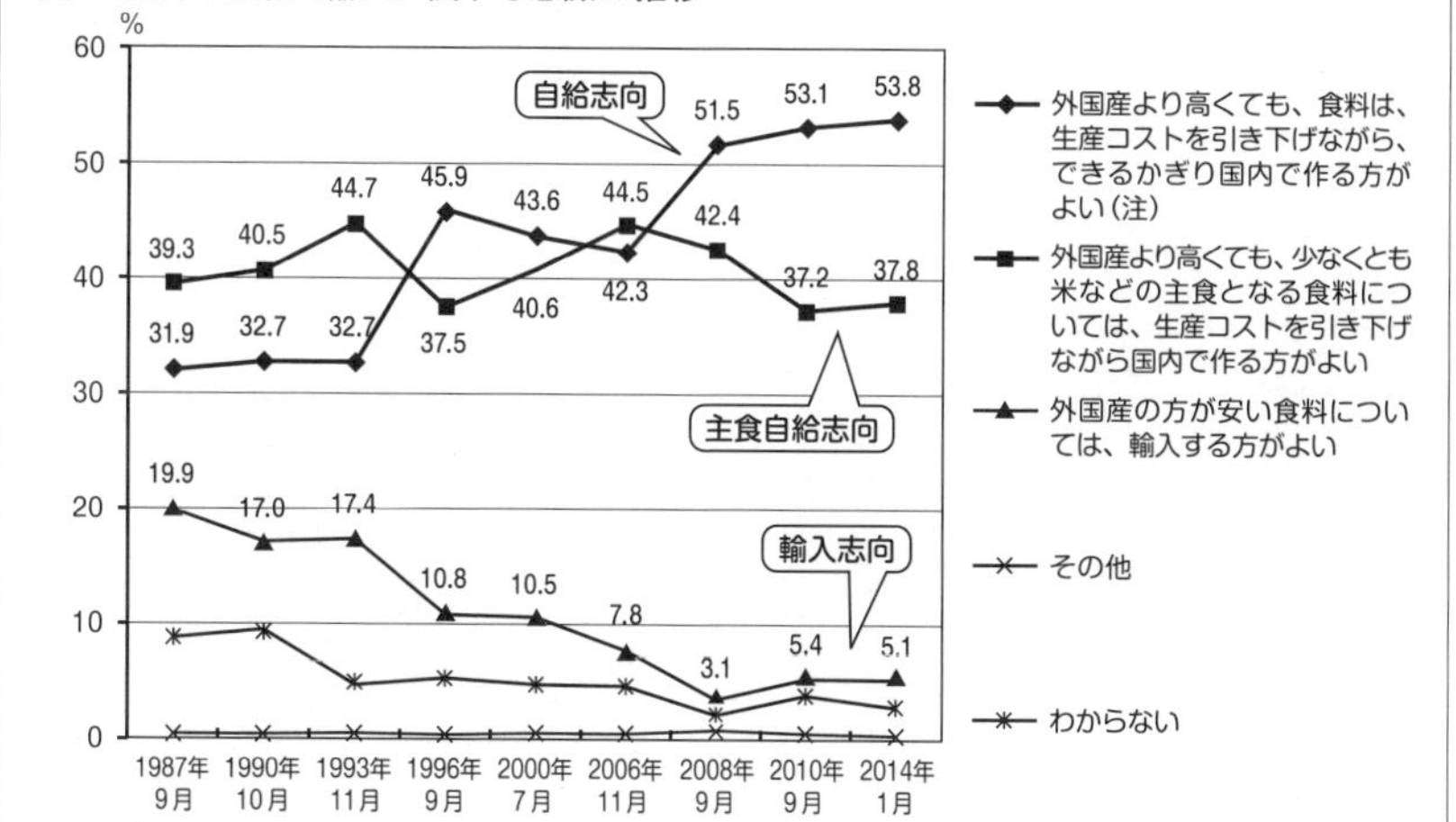

（注）1993.11までは「外国産より高くても、食料は、生産コストを引き下げながら国内で作る方がよい」となっている。
（資料：内閣府世論調査）

味の重さに気付き、考えと行動を改めるかも知れません。

「安ければいいじゃん」と言っている消費者を「いいじゃん消費者」と名付けましょう。「いいじゃん消費者」が多い都会。TPP賛成派は地方で少なく、都会で多いのですが、なぜでしょう。仕事に追われ、「安近単(安い、近い、簡単)」を求める食生活。スーパーで購入する物は安い輸入食品、調理済み食品、加工品。弁当や清涼飲料水をコンビニに頼る生活。先日、健康を回復するための病院で、売店にカップラーメンばかりがずらり並んでいる光景を見て、愕然としました。こうした食生活が自分の健康と、日本の地域経済を破壊することに気付いていない人も多いと思います。

なぜでしょう。私が東京で暮らしている時、住宅と職場の往復の道で土を見ることはほとんど皆無でした。街路樹の根元でさえコンクリートで固められています。野菜を育てることも簡単ではありません。「安近単」の食生活の中で、自分の命が何でできているかが分からなくなっていくのです。一種の麻痺状態ですね。都会が、地方でつくる食や水や空気に支えられていることが分からない。自分が生物の一員であるという自覚が欠如していく。地球が命のつながりであることを実感できない。大地や海から離れた社会の悲劇なのです。

現在の「安ければいいじゃん」論、「TPPもいいじゃん」論は、そうした、大地や海と自分の命の関係、都会と地方の関係が分からなくなった上に生まれています。自分の命が、たくさんの命を育てる地方の取り組みによって支えられていることが分からない。そこから地方軽視、一次産業軽視が生まれ、TPP賛成の風潮になっているのです。

ホクレンのテレビコマーシャルで語られる「日本には、北海道がある。」というキャッチコピーをご存知でしょうか。都会の「いいじゃん消費者」が、日本に北海道がある大事な意味に気付き、食べ方と生き方を改めてくれるためには、ある種のショック療法が必要だと思います。地方と一次産業を大事にする国民的同意の形成のために、北海道が、特に北海道の生産者が「自給・自立」の腹を固め、それを宣言することが、大きなインパクトを持ち、変革の狼煙《のろし》になると思います。

戦略3 北海道の食は安売りしない

北海道が「自給・自立」する、と言っても、道外にまったく売らないわけではありません。ただ、「北海道の食は安売りしない」ということが肝心なのです。これまでも、多く語られてきたように、北海道の農産物は安く買われ、流通産業や、道外加工業に付加価値を持って行かれることが多いと指摘されています。流通や加工、調理に至るまで、すべての土台となる原料の販売について再考する必要があります。

京都の振り売りでは、消費者が「ちょっとまけてね」と値切る場面がありそうですが、三重県のモクモクファームは、自己決定です。ＣＳＡのメノビレッジ（北海道長沼町）は消費者との協議で値決めします。このようなことは、やろうと思えばできるのです。食料基地・北海道が適正な価格を自己決定し、適正価格でしか売らないという仕組みが出来たら、画期的なことになります。

これらの適正価格は、市場で決定する価格とは異なります。海外の事情や関税、為替などとは関係が極めて薄いものです。生産段階で必要な種苗代や肥料代、機械費用、燃料費、雇用費などの総費用をまかない、適切な所得が得られるだけの価格です。これを得られれば、農家は再生産できます。つまり、次の年も営農ができます。安定的に得られれば、経営が持続します。北海道で農業を営み続けられるだけの価格が必要なのです。

開発途上国の原料や製品を適正な価格で継続的に購入することにより、経済的立場の弱い開発途上国の生産者や労働者の生活改善と自立を目指ざす貿易の仕組みのことを「フェアトレード」と言いますが、上記の取り組みはそれに似ているかもしれません。そのようなことが大事なのです。

消費者全体に適正価格を求めなくてもいいのです。適正価格で買ってくれる人にだけ売るのです。これからの時代には、食料は今までよりもっと貴重な品物になりますし、安全安心で高品質の食べ物を求める力が強くなりますから、安く買いたたかれるようなことに甘んじなくても良いのです。人々が食べものを選びます。発がんの危険性が指摘されている米国産牛肉を使った牛丼やハンバーガーをどうしても食べたいというなら、どうぞ。ただ、人々に買う自由があれば、売る自由も売らない自由もあるはずです。

生産者と消費者の間に、求め、求められる関係、信頼関係があれば、売り先を限定的にすることができます。売る相手、分け合う相手が決まっていることは、販売側には強みです。これこそが、モクモクファームの言う「分衆に売る」戦略です。消費者の一部の「囲い込み」なのです。

現在の価格より高くなるか、低くなるかは、どれだけの人が「分衆」になるか、にも関わっています。多ければ「衆」の一員分の負担は軽くなるでしょう。少なければ重くなるかもしれません。しかし、命には変えられません。自分の命にかかわるのが食です。スマホやパソコンや車や化粧品を買わなくても、水と食だけは必要です。「いいじゃん消費者」でもそれに気付くことになると思います。

ただ、日本社会は貧困と格差の拡大が進んでいますから、食料品も安くないと買えない傾向もあるのは事実です。生活保護の世帯が増え、ワーキングプアーが民間労働者の四人に一人の割合に達しています。牛丼一杯三〇〇円、ハンバーガー一個一〇〇円といった安価な輸入食材調理品に飛びつきやすい状態になっています。これは、支え合う生産者と消費者の規模が大きくなることで、生産量を増やしていく方向と、政府が生活保護などセーフティーネットの強化で救済する方向とを組み合わせて、解決を図ることになるのではないでしょうか。

また、欧米には都市にある公園や空き地で地域の人々が農作物を育てる「アーバン・ガーデン」などのシステムが広がっています。自分たちで栽培、収穫して分け合うのです。コミュニティーのつながりを取り戻すとともに、貧困対策にもなっていることがあるといいます。日本に生じている耕作放棄地や都会の空き地を公共的に活用することも検討する価値があると思います。

①適正価格で売買する②安定的に取り引きする－という二つのことに成功すれば、北海道農業が持続可能になる基盤ができます。ただ、一つだけ、まかないきれない費用が残ります。国土環境保全、水源涵養などの「農業の多面的機能」の維持費用です。これは政府から支出される保証がまだできていません。農林水産業にこの機能を今まで通り果たしてもらうには、政府がそのために公的資金を支出するのは当然ですが、万一、政府が出さないとなると、支えられる人で支えるしかありません。政府の方針によっては、生産費用から算出した価格に、多面的機能維持費用分を上乗せする必要が出てくるかもしれません。

戦略4　粗悪な輸入品と同じ棚に並べない

売買の面でもう一つ、大事なことがあります。道産食品は市場において、輸入食品に勝つでしょうか。

北海道新聞が二〇一一年一一月に道内世論調査（電話で五〇六人が回答）を行い、「ＴＰＰ参加で関税がなくなれば海外から安い農産物や乳製品が入ってくることが想定されます。国内産と比較し、これらの輸入品を買いますか」と聞きました（図３）。「価格が安く品質や安全性が確認できれば輸入品を買う」と答えた人が五二パーセント。「価格だけを重視し、安ければ輸入品を買う」と答えた人一パーセントを合わせると五三パーセント。輸入品については「買う派」が「買わない派」を上回りました。

北海道でさえ、輸入品を選ぶ可能性が高いわけですから、東京など大都会はその傾向がもっと強いかも知れません。「品質や安全性」が大して変わらない、あるいは違いが分からない、ということになれば、このままでは北海道は負ける可能性もあります。

図３
国産と比較し安い輸入品を買うかは

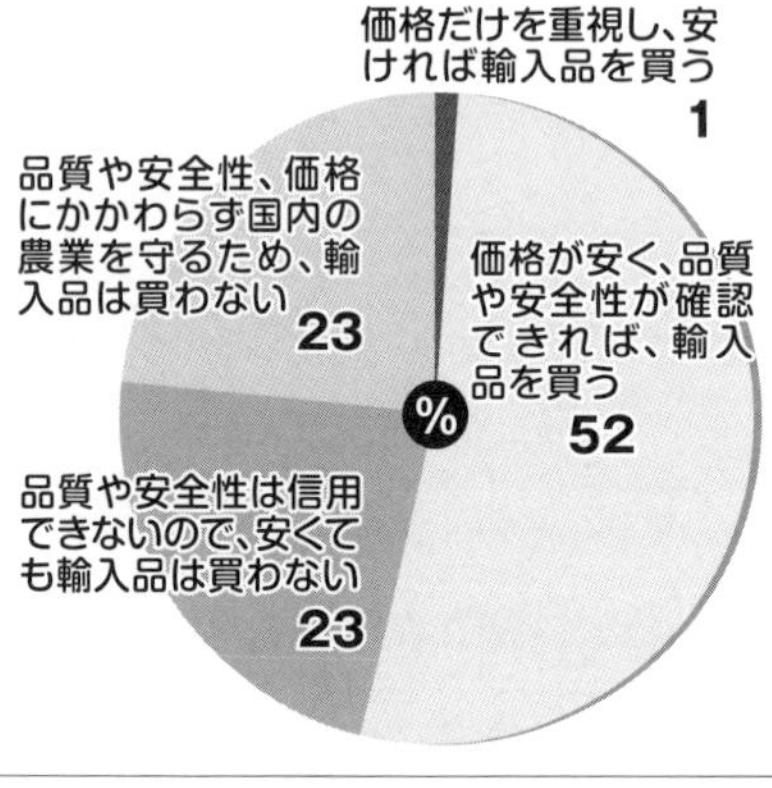

（資料：2011年11月26日付、北海道新聞）

グローバリゼーションの下では、同じ棚の上でも粗悪品が負けないよう、必要な表示をさせなくしたり、産地表示をあいまいにしたり、といったことが要求されます。遺伝子組み換え作物やその加工品についても、恐らく「組み換え作物であるかないかは表示しない」ことを求めてくることになるでしょう。

先日、ある会合で、某食料輸出大国の政府役人の一人が、日本の牛肉についてこんなことを言っていました。「神戸牛、近江牛など、ブランドがたくさんあるようですが、『日本牛』の一つにしたら良いのではないか」と。日本では列島各地に特有な作物や畜産物があり、それに伴う多様な料理や文化が発達しています。そのような日本の市場では自分の国の牛肉が負けそうなので、地域ブランドを真っ向から否定しているのです。その国は、巨大な畜肉加工業者が数社で全国の肉をさばいていますから、地域ブランドはありません。グローバリゼーションは、日本や欧州にあるような、地域食文化、「テロワール(地域風土)」というものには最も弱いのです。

ただ、道産食品と輸入食品とが、同じ店舗の同じ棚に並べられた場合には少々事情が違ってきます。「安全性と品質」の違いが分かりにくいと思う消費者や、「産地」の違いにはこだわらないと考える消費者もいるでしょう。日本政府などが、両者の品質について「科学的に違いが認められない」とか「いずれも健康には直ちに影響が認められない」などとコメントするようなら、そうした「産地」を気にしない消費者は増えるかも知れません。

その場合には、**戦略3**のところで述べた「囲い込み」が失敗する危険があります。したがって、同じ棚に並べないという戦略が重要になります。適正価格を付けたとしても、北海道の農産物は、輸入品とは同じ棚に並べないようにします。

北海道の農産物は安全安心で高品質です。北海道の自然景観を作り出しています。北海道の水と空気、環境の一部です。ですから、輸入品とは質的に異なるものです。ましてや、農薬漬けであったり、遺伝子組み換え作物であったりするものとはわけが違います。格も違います。

そのような物と、優れた道産品を同じ棚に並べるわけには行きません。産地表示も、品質表示もお粗末で、低価格だけで勝負しようというグローバル企業と同じ土俵に、北海道は乗ってはいけません。

北海道と道産品を愛してくれる消費者との取引を最優先すればいいのです。つまり「囲い込み」のインナー（内側にいる人）にだけ売るのです。アウター（外側にいる人）には、生産物が余った時にしか売りません。インナーへの供給がもし足りなければ、国内の他の地域から移入するか、相手国を選んで輸入するか、を決めます。あるいは、インナーで消費を抑制します。もちろん、日ごろから食料保存と備蓄を推進します。

食料事情が厳しい時代に突入しますから、北海道が丹精して作った食品は、消費者は感謝していただいてくれるでしょう。不作にならないように、消費者も生産者を支え、豊作になったらみんなで喜ぶという姿は美しいと思いませんか。

気が付けば、これは、ＣＳＡのシステムの大規模で広域的な展開に近い姿かもしれません。広域的ＣＳＡであり、リージョナルトラストと言ってもいいかも知れません。広い意味では「産消提携」（生産者と消費者の提携）でしょう。六二ページで見たように、このＣＳＡは欧米では今、大きな広がりを見せています。もともとＣＳＡの原形は日本の昔の産消提携運動でした。そのため、欧米のＣＳＡの発達した地域には「ＴＥＩＫＥＩ《ていけい》」という名前が残っていることもあるのです。ＣＳＡの理念と実践が、日本にもっと紹介されれば、日本でも、もっと広がるのでは、と思います。

戦略5 北海道のファンクラブを設立する

戦略4までは、過去にもさまざまな人が提唱されたり、各地で実践されたりという例もあったと思います。しかし、これらの考えを組織的、継続的に実践するにはまだ至っていません。この産消提携を、現実のものにし、経済的・政治的な「パワー」に変えていくことが必要です。そのために、具体的なかたちをイメージしましょう。こんなかたちです。

北海道の生産者と消費者の信頼に基づく提携を、一つの組織にします。呼びやすい名前を付けたら良いと思います。国産食材を多く使う飲食店に「緑提灯」を下げる仕組みがありますので、とりあえず、それにちなんで「北海道グリーンクラブ」（仮称）としておきましょう。生産者と消費者の会員が契約して設立します。

生産者は道内の農家、漁業者、林業者の方々です。もちろん、協同組合など生産者の全道的組織も、内部で力を発揮するのが望ましいと思います。消費者は道民と道内の消費者団体を優先しますが、道外の国民、または海外の方々が加入してもいいと思います。

クラブの性格は、北海道のファンクラブです。北海道と北海道の食を愛し、その存続・発展のために積極的に支える協同組織です。目的は、**戦略1～4**に述べた事柄です。グローバリゼーションの時代に、新たな北海道の行き方を目指す、初めての、夢のあるクラブです。

クラブは全道的展開を前提につくり、北海道の「自給・自立」を目指す意志と覚悟を内外に宣言します。生産者と消費者が支え合って、良い物をより多く生産し、適正価格で安定的に売買できるようにしていきます。北海道での食の生産を持続可能型にしていくために、産消がともに頑張るのです。

生産者会員は、**戦略1**である「良い物」を作る努力をします。安全安心で、高品質の、おいしい農林水産物を頑張って生産します。支えてくれる消費者会員には、憩いの場、農業学習の場、災害時の避難の場などを提供します。

囲い込みのインナー（内部の人々）である消費者会員は、生産者が決めた適正価格で、継続的に、かつ優先的に購入できます。とにかく、道産品を購入できるだけでもありがたいことです。命の糧である食料の需給が不安定になる時代に、これほど安心できることはありません。しかも品質が優れた道産品です。クラブ設立と同時に、全国や海外から入会希望が殺到することでしょう。

消費者会員はその代わり、北海道の一次産業を理解し、本気で支えることが求められます。道産品を一定程度多く、頻繁に買って食べて支えるのです。また、できるだけ、農林水産業の現場に行って、生産者と会い、交流し、時には仕事を手伝います。

どれくらい購入するか、などの会員資格に関わる基準については、全道基準は緩やかに、地域基準はそれぞれにきめ細かく決めていくのがベターでしょう。

生産者会員と消費者会員は、ともに会員証を持ちます。これを仮称で「北海道グリーンカード」としておきましょう。クレジットカードやパスカードのような機能です。このカードでいろいろな活動が保証され、その記録もできます。

会員はカードを持っていれば、道産食品購入のほか、北海道物産展や北海道フェアへの入場、道産食材を使った料理の食事も可能になります。北海道を第二の故郷として長期滞在することも許されます。地震など災害時には北海道に避難できます。食料危機時にも優先的に食料が供給されます。

それに、北海道内の観光旅行ができます。道外者がもしカードを持っていなければ、千歳空港に到着しても、降りることはできません。だって、北海道観光の目的は食と景観でしょう？ これらはいずれも北海道の一次産業が、自然の力を借りて、作り出したものですから。

クラブの設立は、道の振興局単位でも、市町村単位でも、もっと小さい地域単位でも、可能なところから進めます。ただ、全道組織もしかるべき時期に設立します。小さい組織からできていくのを待ってもいいのですが、グローバリゼーションのスピードをにらんで、全道組織化を急ぐ必要が出てくるかも知れません。

戦略6 本気で支えてくれる仲間を大事にする

北海道グリーンカードの使い方を、もう少し、具体的に整理しておきましょう。このカードは二一世紀を北海道と道民が生き抜くために、とても大事なカードになります。なにせ、食料の量的質的不安が増す時代に、安全安心の高品質の道産食品を優先的に購入できるカードですから、「命のカード」とも言えます。これさえ持っていれば、食べていくことだけは可能になります。

それだけ重要なカードですから、持つのも簡単ではありません。つまり入会の条件は少なくはありません。詳しいプログラムや設定数字などは、北海道グリーンクラブを設立する際に十分議論したらいいと思いますが、おおむね、次のようなイメージです。

＜会員の条件＞

①何より「北海道と北海道の一次産業、北海道の食」を心から愛していること。

②ＴＰＰやグローバリゼーションに反対すること。
③「北海道と北海道の一次産業、北海道の食」を理解し、本気で支えること。
④クラブが提供する道産食品を、家庭食料購入費の七割以上相当分、恒常的に購入すること。
⑤クラブが食材を提供する指定飲食店を、外食費用の三割以上相当分、恒常的に利用すること。
⑥生産会員の生産活動の見学、交流、支援（援農など）を積極的に行うこと。
⑦その他

もちろん、北海道の一次産業を愛していない人は入会できません。ＴＰＰに賛成や「不明」の人も入会できません。目的が逆ですから。それから、これら会員の条件は、入会後も定期的にチェックされます。例えば、ある年、道産食品の購入率（右条件の④）が七割を切っていたら、一定期間、会員資格が停止されます。購入率の計算は難しい課題もありますが、買い物の際のカード利用履歴などから、可能と予測しています。

一方、このカードを持っていたら、とても素敵な特典がたくさんあります。北海道と北海道の一次産業、北海道の食を理解し、本気で支えてくれる仲間を、徹底的に大切にするプログラムです。仲間どうしでないとできないことばかりです。これを通して「モクモク手づくりファーム」の言う「愛着ブランド」を実現していきます。

＜会員の特典＞

①道産食品を、優先的に購入できます。
②食料輸出大国での干ばつ発生など世界的食料危機の際も、北海道の生産さえまあまあであれば、食料は供給されます。
③会員が災害に遭った時、傷病を負った時、失業した時など、定めた事態に応じて支援の道産食品が優先的に届けられます。
④都会の生活に疲れた時、道内の農山漁村で癒やし、心身のレクリエーションをすることができます。
⑤北海道を第一、第二の故郷として、気が合った生産者会員の近くで長期滞在できます。もっと気が合えば移住もできます。さらに気が合えば生産者になれます。
⑥道内旅行ができます。道内の交通機関や宿泊施設、飲食店などを利用できます。
⑦クラブが食材を提供する指定飲食店を、会員価格で利用できます。
⑧道内の農山漁村で開催される収穫祭や大漁まつり、山村キャンプなどの地域行事に参加できます。
⑨生産者会員の生産活動の見学、交流、支援（援農など）に参加できます。
⑩北海道物産展や北海道フェアに入場し、購入することができます。
⑪クラブが発行する会員向け情報誌を受け取り、会員向けのさまざまなイベントに参加したり、会員相互の交流に参加したりできます。
⑫その他

例えば①の道産食品購入の際、⑦の指定飲食店利用の際など、さまざまなシーンでカード決済をすれば、利用明細など情報の蓄積ができますから、利用ポイントを貯め、ポイントに応じた別の特典を用意することもできます。

つまり、北海道グリーンカードで買い物や店利用、本州の家族へシャケやメロンを贈るなどの、すべての道産食品利用がポイントとなり、それに応じて会員の特典利用可能度が上がる仕組みを導入します。

あまり、厳しいのも避けた方が良いのですが、輸入品でも、国内で生産していないような果物を食べるなどは別として、明らかに国内一次産業のダメージにつながるような、某国の牛肉を食べるなどの行為は、「浮気」として記録され、回数が多いと、マイナスポイントを付けることを検討してもいいかも知れません。

食べ物が燃料を使って運ばれる距離のことを「フードマイレージ」と言います。すべての食品はトレーサビリティー（生産履歴証明）がしっかりすれば、フードマイレージは計算できます。ですから、会員の年間フードマイレージを管理し、減少するように促すことも一考かと思います。つまり、会員が自分の例えば月間フードマイレージ合計を知り、より身近な場所で生産された食べ物を食べる、つまり、地産地消を実践することに役立てるのです。

このように、カードは、他のカードとの併用または統合などにより、いろいろな役立て方がありそうですが、カード保持者が増えていくと、クラブが実現する世界は、もっと質的に違ったものになっていくと思います。

戦略7　仲間を増やし生産増、価格低減を実現する

「北海道グリーンクラブ」(仮称)を設立し、「北海道グリーンカード」(同)を発行したら、特に本州以南の消費者のみなさんに、大きなインパクトがあると思います。会員はどれくらいに達するでしょうか。その時、万一、ＴＰＰに参加していたら、食料自給率はどんどん下がっているかもしれませんから、道内産、国産の食品への需要と渇望は、増しているかも知れません。でもＴＰＰ参加の影響試算(道など)では北海道でさえ、食料自給率は八九パーセントと、現在の半分以下になります。一〇〇パーセントを保てるかどうか、分からなくなるわけですから、入会希望者全員を受け入れることができるか、は今のところ分かりません。生産量と相談するしかないのです。

ＪＡ北海道中央会の飛田稔章会長に、「ＴＰＰに参加するような場合、道産食料はどんな範囲の人にまで供給できるでしょうか」とお聞きしたことがあります。飛田会長は「道民は守るよ」と言われました。道民優先とのお考えのようです。道民は少し安心できますが、ただ、北海道の自給率が一〇〇を切るようなことがあると、道民すら難しい状況が生まれます。

ですから、ＴＰＰ参加を待たず、クラブを早く立ち上げて、北海道の生産を守る必要があります。今すぐに立ち上げた場合、どれくらいの人を会員に迎えることができるでしょうか。大変大ざっぱな計算ですが、ざっと国民の一割と見られます。北海道のカロリーベース食料自給率がざっと二〇〇パーセントとしますと、道民五五〇万人(二〇一〇年)の二倍、すなわち約一一〇〇万人分のエネルギーを供給している計算になります。これは日本の人口一億二八〇〇万人(同)の八・六パーセント、ざっと一割です。

もちろん、コメ、イモ、マメ、野菜、肉類、乳製品など、各作物の会員への配分が、それぞれどれくらい可能か、道内外の優先配分割合などをどうするか、などを詳しく検討しないといけませんが、大ざっぱに、国民の約一割に、供給できるとみることができるでしょう。

逆に言うと、仲間が一一〇〇万人いれば、北海道の現在の生産レベルは維持できることになります。もし、道民の六割が会員になれば、会員数は三三〇万人。道外の総人口は一億二二五〇万人とすると、各都府県で平均でたった七パーセントの北海道ファンが会員になれば、八五七万人となりますから、道内会員との合計は一一八七万人となり、達成できる計算です。

仲間が増えれば、北海道の生産量を増やすことができます。品質を維持しながら、生産基盤の整備、生産体制も整えながら、順次、会員数に応じた生産拡大計画を立てます。その時、新規就農者も確保しますが、生産拡大計画の中では、必ず、再生産可能な経営ができるようになっています(**戦略3**参照)から、農業をやってみたい人は、安心して就農できます。

また、生産拡大計画の中では、コスト低減も図ります。会員が増え、需要が増えれば、単位生産量当たりのコストが低減する可能性が出てきます。もちろん、大学や試験研究機関とも連携して、コスト低減のための新しい生産技術や生産システム、経営技術などを導入していきます。

貧困と格差が拡大しつつある日本において、低コスト化はとても重要になります。できる限りのコスト低減を図り、誰でも手が届く価格に近づける努力をしますが、北海道の生産者だけの努力では限界があります。政府による、セーフティーネット(社会的安全保障装置)の整備も不可欠でしょう。

もし国民のほとんどが会員になれば、国内農業は会員、つまり国民の手で直接守られることになります。基本的に政府の手を経ず、直接的に一次産業の振興と国民食料の確保に、お金が使われるから、確実です。

戦略8　全国連携で日本の自給率を上げる

ところで、「北海道グリーンクラブ」(仮称)に国民の一割の会員が集まり、十分な食料を供給できたとします。しかし、他の地域の生産も維持されなければ、日本の農業は衰退していきます。北海道だけ幸せになるわけにもいきません。そこで、北海道から、他の地域へ、エールを送り、道外各地でも、同様のシステムを立ち上げてはどうでしょう。例えば、九州グリーンクラブや東北グリーンクラブができれば、日本はもっと頼もしくなると思います。

現在の日本のカロリーベース食料自給率は約四割ですから、北海道が食料の一割を担い、三割分を他府県が担うことができれば、全国の現在の生産レベルを維持できる計算になります。これはそんなに難しいことではないと思っています。しっかりした産消協同の組織が立ち上がれば、「命の糧」を求めて、多くの消費者が入ってくるでしょう。内閣府調査で、「外国産より高くても、食料は生産コストを引き下げながら、できるかぎり国内で作る方がよい」と答える自給志向の人が約五四パーセント(二〇一四年)いました(**戦略2**参照)し、隣の選択肢、つまり「食料」を「主食」に替え、「外国産より高くても、主食は生産コストを引き下げながら、できるだけ国内で作る方がよい」の選択肢を選んだ人は約三八パーセント(同)いました。合わせて九割を超えています。

九州にクラブができれば楽しいですよ。北海道に無いものを持っていますから。例えば鹿児島黒豚、サツマイモ、馬肉、博多ラーメン、芋焼酎…。何か、私の好きなものばかりになってしまいましたが、とにかく、各地の特産品を、地域間で融通し合うわけです。北海道からは九州に少ない牛乳やトウモロコシや北の魚たちなどを送ることができます。

各地にクラブが設立されたら、その連携を密にするための「日本グリーンクラブ連合」(仮称)をつくります。日本全体で当面、国民の四割に相当する会員を獲得し、四割の自給率を維持します。会員が増えたら、生産を拡大していきます。さらに会員が増えれば、自給率をかつての八〇パーセントを目指して高めたり、多面的機能補償費もまかなうようにできると思います。

こうなると、日本国民の一人一人が、輸入食品を食べて暮らすか、国産食品を食べて暮らすか、の選択を迫られることになります。クラブの維持発展、すなわち、日本の一次産業と国民の食生活の維持発展は、国民のどれほどを仲間にするか、にもかかっているのだと思います。

「安ければいいじゃん」という「いいじゃん消費者」は輸入食品ばかり食べる暮らしでも構いません。選択は自由ですから。でも北海道新聞の世論調査で、「価格が安く品質や安全性が確認できれば輸入品を買う」と答えた人は全体の五二パーセントいました。その人たちが、本当の品質や安全性を理解すること、また、商品価値というレベルにとどまらず、大地と食と私たちの命の関係、実体的な地域の構築の重要性を理解することが大切だと認識し、「輸入品は価格が安くても品質や安全性が確認できないし、そもそも日本の大地と環境と地域社会とは無関係な、遠くのアグリビジネスが送り込んできた物なんだ」と言えるように変わっていくことこそが重要なのではないかと思っています。

戦略9　一次産業と農山漁村の存在意義を広める

この章の一つの隠れた論点がこの戦略にあります。日本では、「お金を出せば、どこのコンビニでも食べ物は買えるし、すぐ食べられるから便利！」なんて思っている人が結構多いようです。二〇一〇年（平成二二年）に当時の前原誠司外相が、ＴＰＰの議論の中で、「（日本の国内総生産のうち農業など第一次産業は）一・五パーセント。そのために（それを守るために）残り九八・五パーセントが犠牲になっている」と発言しました。こうした考え方が変わらない限り、根本状況は変わらないのではと思っています。どのように変わればいいのでしょう。

ＮＰＯ法人「農と自然の研究所」代表理事の宇根豊さんが「自給は食べものの自給だけを指していたわけではなかったし、自分や自家の自給だけが自給であると考えられていたわけでもなかった」と述べ、「自然の自給」「情感の自給」「仕事の自給」「生の自給」といったことの価値について指摘されています（注15）。

人間が自然の中で、五感を通じて季節や命、そして危険なものなどを感じ、地域社会の中で、人とぶつかりあい、協力しあって、仕事をしていく。そんなことから命と人生というものを理解し、感じていく、つくっていくー。子供たちがまさにそんなことをしているな、と感じたのは、二〇一三年に福島県喜多方市で取材した時のことでした。

同市は二〇〇五年、全国で初めて、小学校で「農業科教育」を始めました。高学年生全員が土作りから種まき、草取り、収穫、調理を経て「食べる」までを体験し、農業を通年で学ぶのです。地域の農家やお年寄りを講師に招き、稲作や野菜栽培の技術や文化を学んでいくのですが、子供たちは、ぬかるんだ田んぼに入って土のぬくもりを感じたり、実った稲穂の重さ、香りを直接感じたりして、目が輝いていきます。自分たちの地域の土が、自分たちの体と地域の環境、社会をつくってくれているのだと実感していきます。

子供たちの作文がすごいのです。「私たちの体が、私たちや農家の人たちが作った食べ物でできていることが分かった」「食べ物は命。大事にしなくてはいけない。農家のおじさんに感謝します」「命の大切さを感じた。他の人の命も大事にしないといけない。いじめはしてはいけない」…。文に先生の手は入っていません。自分たちの言葉です。子供たちは体と頭で、自分の命と作物の命の関係、命と自然環境の関係、自分の命と他人の命の関係など、多くのことを感じて、学んでいったのです。

同様の取り組みが、道内でも十勝管内芽室町、美唄市、士別市、札幌市などで始まりました。オホーツク管内大空町では農家グループが実践しています。ＪＡ北海道中央会と北海道教育大学なども同様の取り組みを進めています。

ＪＴ生命誌研究館館長の中村桂子さんが喜多方市の取り組みを「これぞ全人教育として最も有効」と述べておられます(注16)。食と農を通じて命の教育。私はここに、日本を根本から変える力の一つがあると考えます。単に、クラブの会員を増やすためだけではありません。一次産業だけが大事なわけでもありません。実際に存在する、かたちのある、リアルな「地域」というものを、ていねいにつくっていくことが大事だと思います。

今日の子供たちの中には、存在しないバーチャルな世界に漬かっている子供が少なくありません。学校のクラスで他のみんなと少し違った言動をしただけでいじめられるという経験をした子供も少なくありません。過食や偏食、孤食などを続け、心身が疲れている子供、人生の目標を失いかけている子供もいます。

他人を殺傷する凶悪事件が頻発しています。理由を理解できない犯罪も多々あります。都会では、肩がぶつかっただけで暴行事件に発展することも。心がすり切れるような人間関係、効率とカネ優先の社会の中で、何かが狂っています。

中村桂子さんは「私たち現代人は、そもそも人間は生きものであり、自然の中にあることを忘れがちです」と指摘し、「あたりまえのことです。しかしここにしか近代文明を考え直す切り口はない」と述べています。

地上の動植物、土中の微生物、そしてゆたかな水と風、こういう命の循環の中に、生物としての人間が生きています。この環境と命の関わりを、体で学んでいく「食農教育」こそ、その鍵を握っているように思えます。そしてそれが、「日本に素晴らしい環境と一次産業と地域社会があって良かった」と、その存在意義を深いところで理解し、支えていこうとする国民による新しい運動、つまり、グローバリゼーションから北海道と日本を守る産消提携の運動の成功の鍵をも握っているのだと思います。

戦略10　産消のパワーで政治を変える

「食は命であり、環境であり、地域である」という考え方に裏付けられた、地域自給と地域の経済的自立が、全国津々浦々に成立していくでしょう。いや、それを目指して行きます。その会員が、国民の多数になったら、状況はかなり成熟していきます。

ＴＰＰに関しては、すでに全国の九割の道府県議会が、反対または慎重であり、メディアも地方紙は非常に慎重です。安倍政権の息が強くかかった中央紙やテレビのキー局が賛成論に傾いているためか、都会の住民はどちらかというと賛成が多く、地方の住民は反対が多いという状況です。世論は、全体としては賛否が拮抗しています。

グローバリゼーションやグローバリズムに関しては、最近の世論動向をはっきりはつかめませんが、安倍晋三政権が、グローバル化を進める方針を打ち出し、ＴＰＰを成長戦略の一つとして位置づけていることから、国民の間には、少なくとも言葉そのものは多く知られているのではないでしょうか。グローバリゼーションを是として受け入れる世論がＴＰＰ賛成論と同じくらいあった場合、大事なのは「その道は危ないから止めよう」と訴え、世論の多数にする力を日本国内の運動が持つ必要があるという点です。現在では、政府を動かすだけの力をまだ持ってはいません。政府はむしろ、ＴＰＰ反対の旗を掲げる農協組織をつぶそうとさえしていますから、かなり難しい運動にはなります。

しかし、これまで述べた戦略の骨組みが支持され、産消連携の自主的な組織が設立され、その仲間の力で地域自給と経済の地域的自立が進むなら、怖いものはありません。その仲間の気持ちを、少しずつでも政治に反映していけばいいのです。仲間が国民の過半数いれば、政治も、その気持ちを受け入れることでしょう。

具体的にはどうしたらよいか。「北海道グリーンクラブ」（仮称）の設立構想（**戦略6**参照）の中で、クラブ入会条件の一つに「ＴＰＰやグローバリゼーションに反対すること」が入っています。命の糧を分け合う条件に「グローバリゼーションに反対」があるのです。

仲間はすべて「グローバリゼーション反対」ですから、話は早いのです。仲間の声を集めて、政治家にぶつけましょう。政治家の意見を聞きましょう。ある政治家が「ＴＰＰとグローバリゼーションに賛成」と言うなら、その人に投票しないだけです。反対を表明し、その通り行動する政治家に票を集めればいいのです。

ＴＰＰがまだ国会承認を得ていない段階ではこの運動が特に大事です。まず、全国各地の小選挙区の代議士に賛否を聞きます。もし「国会承認賛成」ということなら、その代議士の選挙区内の会員は、会員資格を失います。だって、そんな代議士を国会に送っている責任は有権者にあるのですから。会員たちは、「命のカード」を持ち続けたいわけですから、懸命に代議士に「国会承認反対」を要請するでしょう。民主主義のお手本のような実践ではありませんか。

それから、政府や政治家が持っているＴＰＰ情報について、提供を求めます。提供を拒んだら反対かどうか怪しいですね。それから、国会承認や重要な採決の場面では、二〇一五年九月の戦争法案（安保法案）の時のように、議員が白票か青票を投じますから、口で言っていたことがその通りかは、テレビや新聞でしっかり確認できます。

万一、ＴＰＰ加入を国会が承認した場合でも、次に起こさなければならない「ＴＰＰ脱退」の運動の際、まったく同様に、代議士に求めていけばよいのです。

そのほかにも、国会内外での政治家の発言、行動をチェックし、「北海道グリーンクラブ」（仮称）または、「日本グリーンクラブ連合」（仮称）が支持・応援すべき政治家かどうかを見極めます。そういう民主主義の基本的動作でＯＫなのです。

クラブ内でいろいろな論議をして、他の政治課題についても検討していきます。「農業・農協改革」

はどうでしょう。農協・農業委員会組織の解体と、農地法改正を通じた企業参入を進めるものです。農協がつぶされたら、次の刃が漁協や林業組合、生活協同組合に向かってこないとも限りません。協同組合主義が新自由主義につぶされる危機です。協同組合が力を合わせて、立ち向かっていかないとなりません。

また、原子力発電所は、一次産業と相容れません。万一のことがあれば、福島のように、農業も漁業も壊滅的な打撃を受けます。北海道で原発事故があったら、後志管内だけの話ではありません。道産食品のブランドは崩壊します。もう売れるかどうかも分かりません。北海道グリーンクラブの存立も危うくなります。農地山林も海も、従事者も、生産もすべてが台無しになりかねません。

戦争法(安保法)については言わずもがなですが、一次産業振興も環境保全も、地域社会の構築も、平和でなくては実現しません。軍事同盟も軍需産業も不要です。世界に誇れる安全安心で高品質の食を、全国と近隣諸国に提供していくことで、平和に貢献するのがクラブ組織の役割です。

一次産業やエネルギー、安全保障といった国の骨格となる重要課題以外にも、多くの分野で国民生活に密接に関わる課題があります。①国民皆保険や公的薬価制度の仕組みを守り医療崩壊を食い止めること、②ＩＳＤＳ条項に基づく濫訴で国家主権や自治体の権益が損なわれるような事態を防ぐこと、③食の安全を確保するためのさまざまな国際的・国内的制度を万全にすること、④簡保、郵貯、共済など日本特有の金融サービスを守ること、⑤地産地消や環境保全などを大事にする自治体の条例や制度を守ること、⑥インターネットやコミック関係を含む多様な言論・出版の自由を知的財産権の濫用から守ること…などといった、ＴＰＰによって直接、危険にさらされる分野をはじめ、多くの分野で、多国籍企業側に抗し、国民の側に立つ政策が必要です。

こうした課題を、一次産業関係者と消費者をはじめ、自治体、労働組合、医療などの関係者が力を合わせて実現していく上で、グリーンクラブは非常に大切な土台となります。土台が持つ政治的パワーの根源には「命の糧」を生産し、国土と地域を守っている一次産業のアドバンテージ(有利な立場)があります。グリーンクラブが機関車となって、一次産業以外の広範な国民各層をリードし、支えていくことになるでしょう。

このように、クラブ内の民主的議論を出発点とし、国民各層が協力し合い、政治に働きかけていくことを通じて、地域の産業と暮らしと環境、国家と国民を本当に大事にする世の中に転換していくことは十分に可能です。やがて国民が、北海道をはじめ地方の声、一次産業をはじめ地域産業の声、生きものたちの声を、心から尊重するようになり、それにふさわしい社会になっていくことでしょう。

失う前に行動しよう

さあ、TPPはいつ国会にかかるか、いつ調印・正式参加しようとするのか、予断を許さない状況です。グローバリゼーションを進めたい多国籍企業たちと、その利益のために動く各国政府たちは、豊かな北海道と日本の資源と資産に狙いをつけ、奪おうとしています。私たちは健康、教育、文化、環境、主権までも失いかねません。その前に早速行動しましょう。

緊急には、国民合意なき国際合意(「大筋合意」)を引っ込めてもらい、「合意」したというならその協定文や附属書類、交渉経過などの全文、全容を早く公開してもらいましょう。政府がこれまでに公表した資料はほんのわずかです(巻末資料5参照)。国民が全容を理解するための月日を少なくとも一年や二年は保証してもらいましょう。誰でも参加できる説明会を全国各地で開いてもらいましょう。国民がじゅうぶん納得するまで、TPP協定の国会承認(批准)提案を延期してもらいましょう。

長期的な行動も大事です。TPP国会承認が、仮にゴリ押しされた場合、日米政府はさらにグローバリゼーションを推進する動きをするでしょう。グローバリゼーションは私たちをどういう世界に導くのか、それにどう対応していけばいいのかを熟考しましょう。それは、私たちの考え方、ものの見方を、大胆に変えてみることも含めてです。これまでの常識の枠を多少はみ出てもいいじゃないですか。多様な意見をぶつけあってみましょう。その中から、道筋が浮かんでくるのではないでしょうか。

「**10の戦略**」の提案はアイデアの一つに過ぎません。研究は進めていきますが、合理性や現実性をどこまで追求できるかは、今は不明です。世の中の「まだ始まっていないこと」の中にはそういうものもあるかもしれませんよね。

北海道と日本を守りたいという熱意のある方々と、一緒に作っていきたいため、まずは描いてみた非常に粗いデッサンのようなものです。みなさんと、酒を酌み交わしながら語り合いたいからこしらえてみた「酒の肴」と思って下さい。

（注1）日本国憲法第七三条三項

（注2）『ＴＰＰと食の安全』（二〇一三年、北海道農業ジャーナリスト会議編・発行）一一四頁

（注3）二〇一三年三月の北海道農政部試算

（注4）モクモク手づくりファームのホームページにマップあり。
http://www.moku-moku.com/farm/index.html

（注5）道外では①生活クラブ生協連合会（北海道から兵庫県まで二一都道府県。約三五万人が参加）②鳴子の米プロジェクト（宮城県大崎市）③ないろ畑農場（神奈川県）など一〇件が対象だった

（注6）「Farm Fresh To You in Capay Vally」

（注7）Quebecはカナダ東部の州の一つ

（注8）「Assosiation pour le Maintien d'une Agriculture Paysanne」（「家族農業維持のための協会」の意味）

（注9）「Sharing the Harvest　A Citizen's Guide to Community Supported Agriculture」
翻訳本：『ＣＳＡ　地域支援型農業の可能性』（エリザベス・ヘンダーソン、ロビン・ヴァン・エン著、山本きよ子訳。二〇〇八年、家の光協会発行）

（注10）「Soil Association」

（注11）「Cultivating Communities」

（注12）「An Urban-Rural Network：Generating new forms of Exchange between Citizens」（「市民の間の新しい連携の形を生み出すまちとむらのネットワーク」つまり「産消提携国際ネットワーク」の意味）

（注13）計算根拠は以下の資料：農林水産省「耕地及び作付け面積統計」「2005年農林業センサス」、米国 USDA "UNITED STATES-2002 Census of Agriculture", EU "Agriculture in the

European Union Statistical and Economic Information 2004"、豪州 "AUSTRALIA 2001 Agricultural Census"

（注14）関連ニュース：http://www.afpbb.com/articles/-/2902178?pid=9546114、https://sites.google.com/site/fsinetwork/jouhou/gm_maize

（注15）『自給再考』（二〇〇八年、農文協）。「『自給』は原理主義でありたい」

（注16）『科学者が人間であること』（二〇一三年、岩波新書）

TPP5つのキケン② 医療

日本の医療が崩壊

日本がＴＰＰに参加するようなことがあったら、日本の医療制度はガタガタに崩れていくでしょう。

今の日本には「国民皆保険」という制度があります。みんなで保険料を出し合って、誰でもいつでも、どこででも、保険証を見せるだけで、一定の保険診療を受けられる仕組みです。このお陰で、医療や薬の内容と価格が決められ、国民は安心して医療を受けられています。

ＴＰＰの狙いは、医療の「自由化」であり「市場化」です。自由化にはいろんな中身がありますが、その中心は「自由診療」。健康保険が適用されない、保険診療外の「自由診療」を導入・拡大しようというのです。

自由診療が増えれば、保険のきかない高額医療が増え、医薬品が高騰します。それは国民健康保険をはじめ医療保険の財政悪化をもたらします。自由とは、お金持ちに高い医薬品を売りつける「自由」であり、貧乏人には安い医薬品しか売らないという「自由」なのです。

医療の自由化

米国の制度は自由診療です。治療や薬の内容、価格に決まりがなく、お医者さん側が決めます。患者は、医療内容や価格に不安・不満があっても従わざるを得ず、治療費が高いために治療をあきらめたりすることもあります。例えば米国では初

医療の
自由化
国民皆保険
どこでも受診
だれでも加入
安い医薬品代
国民が安心できる国民皆保険が崩れる?!

診料だけで数万円、通院したら、月々八万～一五万円（四人家族試算）といった高額です。盲腸を手術するとなったら三五〇万円などということもあるそうです。お金持ちしか医療を受けられず、国民の間で医療格差はとても大きいのが現実です。

そうした自由診療と保険診療を混ぜた「混合診療」に手を付けたら、自由診療が増えることにつながり、非常に危険です。これらは確実に、現在の国民皆保険制度の崩壊につながります。米国の得意分野の民間医療保険に取って代わられることになるでしょう。

医療の市場化

もう一つの狙いである「市場化」とは何でしょう。米国は日本に「医療分野への市場原理の導入」を昔から求めてきました。日本の医療と薬の世界を市場化し、病院を株式会社化して、投資と買収の対象にし、日本国民全体から巨額の利益を得ようというのです。

株式会社は株主が出資する営利組織で、利益と配当を目指す組織です。利益追求のために、医療の質の低下や、儲からない部門からの撤退、へき地からの撤退、患者の選別と患者負担の増大などが進む心配が大いにあります。

また、高額医療が増えるのと相まって、高給医師を外国から招いたり、逆に技術力と効率の低い医師や看護師を外国に出したり、高額所得の患者を外国から受け入れたり、といった、国境を越える人の移動が多くなることも考えられます。そうなれば医療労働者の雇用と賃金の安定は、極めて危うい状況になるでしょう。

POINT

1 TPPの狙いは、医療の「自由化」と「市場化」！

2 自由診療が増えると、医薬品が高騰する！

3 医療格差の拡大、患者負担は増大する？

第3章　戦後農政の大転換が目指すもの
――農業・農協・農業委員会解体路線と新自由主義

北海道大学名誉教授
太田原　高昭

新自由主義で戦後レジームの脱却を狙う「農業改革」

新自由主義が推し進める「規制緩和」

政府の規制改革会議の主張は、新自由主義の論理で貫かれています。その主張には規制緩和、競争、グローバル市場、協同の否定などの新自由主義の特徴がもれなく出ているといえます。

ところで、経済政策における自由主義は初めて経済学を体系的に取りまとめたといわれているアダム・スミスが唱えたものであり、新自由主義はその復活を金看板にしていますが、その二つは全く異なります。同じ「自由」でも、スミスの自由主義は絶対王政に対抗する市民たちの「営業の自由」を主張したものに対し、新自由主義はグローバル大企業が国家権力を使って自由勝手をしようとする「強者の自由」なのです。

新自由主義の政策の特徴は、「規制緩和」にあります。近代市民社会は労働立法や農業保護政策など数々の規制で、資本主義経済のむき出しの欲望を押さえ込むことによって成立してきました。新自由主義はグローバル大資本の欲望を貫き通すために、これらの規制を取り除こうとします。つまり、政府の規制改革会議は、強大な力を持つ大企業やグローバル大企業の側に立って、彼らの思い通りにできる政策を主張するものといえます。

新自由主義の特色を表しているのが、グローバル大企業からの「トリクル・ダウン」説です。それは、大企業がもうかればそこからおこぼれがしたたって、しもじもも潤うというものです。大企業が国内の中小企業を系列化して下請けさせ、さらに労働組合が強くて賃金が上がっていた時代には、この考えは一定の説得力がありました。しかしグローバル化した今の大企業は、もうけを内部留保し海外に投資しますので、しもじもにはさっぱりしたたってきません。それでもアベノミクスはトリクル・ダウン説にしがみついています。

規制改革会議の農業改革も、農業部門に企業を進出させ、企業がもうかれば農村や地域が活性化するという一種のトリクル・ダウン説に基づいています。

政府の規制改革会議の「農業改革に関する意見」が二〇一四年五月という時点で発表されたのはなぜでしょう。それは環太平洋連携協定（ＴＰＰ）の進捗状況と深い関係があります。

ＴＰＰでは成立しない日本農業

ＴＰＰはそもそも、加盟する国々の間の貿易に伴う関税を原則ゼロにしようという協定で、これが日本にも適用されると関税で保護されている日本農業は成り立ちません。だからこそ農業者はＴＰＰ交渉の参加に強く反対してきました。

ＴＰＰが農業や農業に関連する産業だけの問題ではなく、医療、労働、食の安全など国民生活全般に影響するものであることがわかってくると、反対運動は医療関係者、消費者団体、労働組合にも広がり、一大国民運動となってきました。反対運動は、日本だけでなく、ベトナムやマレーシア、ニュージーランド、さらには米国内まで広がり、多くの人々が、関税の撤廃や制度の一元化が貧困と格差の拡大をもたらすことに気がついてきました。

このＴＰＰをアベノミクス成長戦略の柱と位置づけ、東アジアにおける米国の影響力の回復・保持を下支えようとする安倍内閣と、グローバル化を一層進めようとするその支援・推進勢力が結びついて、「抵抗勢力」をつぶすために、国内の「抵抗勢力」の中心となっている農業者の存在する農業と農村を大きく変えようと登場したのが農政改革である、という見方を多くの人がとっています。

規制改革会議の「意見」は、TPPへの参加を前提にしたものであり、そうなれば現在の小規模な家族農業経営ではやっていけないから、大規模な会社型農業経営に替わらなければならないとしています。それを実行するために、じゃまになる農業委員会や農協を実質的に解体し、農地を所有できる会社型農業経営に対する農外企業の出資や運営の権限を強めようと、これまで関係法律の改定がすすめてられてきました。

乱暴な「農業改革意見」

ここでは規制改革会議の農業ワーキング・グループが昨年五月一四日に発表した「農業改革に関する意見」（以下「農業改革意見」）を取り上げ、その認識、その狙い、それに対する我々の対処について、明らかにしていこうと思います。

「農業改革意見」は、乱暴かつ現場感覚からかけ離れたものです。自ら非連続的な農業改革と言っているとおり、いままでの農政の流れとも全く繋がりのない、文字通り非連続的なものです。

「農業改革意見」が出た後、六月には自民党の農林水産戦略調査会プロジェクトチームが改革案を出し、これを踏まえて規制改革会議が第二次答申を出しました。「農業改革意見」とは、だいぶ表現が変わってきました。農水省は同月に「農林水産業地域の活力創造プラン」を発表しましたが、そこには自民党のプロジェクトチーム案の内容がそのまま掲載されていました。これらを繋げて読んでみますと、だんだん表現がおとなしくなって、「断固やるのだ」と書いてあったのが「検討する」になっていたり、「廃止」が「見直し」に変わってきております。その内容が先日国会で成立した農政改革法＝農協・農業委員会・農地法見直しの基本となりました。

しかし、改革の小骨は抜いたが大骨が残りました。その大骨とは一体何か。これまでは農民・農家としていた農業の担い手を、企業に転換するという大転換です。戦後農政は猫の目農政だと言われてきましたが、農家・農民を担い手とするという点では変わらなかったのです。そして農家・農民の協同組織である農協と共に農政を行っていくことが、農政における戦後レジームだったわけです。その戦後レジームを大転換しようというのが、この農業改革の大骨であります。

農業委員会制度と農業生産法人

農業委員会を骨抜きに

「農業改革意見」は三つの部分に分かれていて、農協は最後になります。最初は「農業委員会等の見直し」、二番目が「農地を所有できる法人の見直し」、三番目が「農業協同組合の見直し」です。大骨からいけばまさにこういう順序になるのでしょう。

担い手を農家から企業に移すということになれば、農地を農家から企業に移さなければならない。それに対する最大の抵抗勢力が農業委員会です。農地法の番人である農業委員会を骨抜きにするというのが、この一番目の農業委員会の見直しのところです。最大の問題は、選挙で選ばれている農業委員を、自治体の首長、要するに行政が選ぶというように変える。これまでの農業団体や議会からの推せん制度をやめる。全体の人数も半分くらいに減らすというものです。つまり、これまでの選挙で選ばれる農業委員会というものを解体するということになります。

農業委員会の選挙制度は特別の意味を持っています。農業委員会というのは選挙制度を残している唯一の行政委員会です。行政委員会というのは戦後米国から導入された制度で、行政に住民の意向を確実に反映させるために、住民と特に関わりの強い問題について、行政委員会を必ず置く。それには選挙管理委員会・公安委員会・労働委員会・農業委員会・教育委員会などいろいろあります。最初は全部選挙で選ばれていました。けれども徐々に選任制度になっていったという歴史があります。

比較的遅くまで選挙制度が残ったのが教育委員会です。教育委員会の選挙制度をやめて選任制度にするという時に大きな政治問題になりました。日教組が強く反対して、戦前天皇のために命を捨てるんだという教育を押し付けてきた、そういうことを二度と繰り返さないために選挙で選ばれた教育委員会というのがあるんだ、これを守れということで、随分時間をかけいろんな議論を経て、最終的には選挙制度がなくなってしまいました。それで教育委員会は問題が絶えないのです。いじめの問題など、いろいろな問題に関して、教育委員会は何をやっているんだ、これでは行政の一パートに過ぎないではないかということが言われます。

企業の農地取得に道

農業委員会だけに選挙制度が残っていたというのは理由があります。農地の権利移動、つまり農家の基本財産である農地について、売買貸借、権利を移動するのにそれが適正かどうか判断するのが農業委員会です。農地というのは、北海道ではまだ百何十年しか経っていませんが、内地府県では弥生時代からの歴史がありまして、一枚一枚の田んぼには家と家との関係とかいろんな歴史があります。そういうことに熟知した人でないと権利移動のあっせんはできないという事実があるのです。したがって、集落ごとに選挙で選ばれた人が出てきて、初めて農地行政というのは動いていたわけです。その選挙を止める。私はそうなったら、農地は動かないと思います。

その他で衝撃的だったのが、農業会議の廃止、全国農業会議所の廃止。これは農協での全中廃止に対応するものです。権利移動についても原則として届け出制にする。とにかく今の農業委員会を行政の一部にしてほとんど機能させない。「農業改革意見」には、企業による農地取得というところに道を開いていくという方向性がはっきりとしています。

二番目の農業生産法人。これは一番短いのですが、先ほど言った大骨から見ると、ここが一番の核心部分です。農地を所有できる法人には農業生産法人制度というものがあって、法律で認めている要件を満たせば、企業もこれに参加できて、農業生産に携わることができるのです。その代わりその農業生産法人における現場の農業者の支配的役割ということをはっきりと求めております。つまり農外者が勝手な事ができないような仕組みになっていますが、それを全部外してしまう。そして形だけ地元の農業者を入れて、主体は企業的感覚を持った企業人が担う。そうでなければこれからの農業はやっていけないということが、正面から書いてあります。

企業がどんどん農業生産法人において主役になっていく。それだけではなくて、企業そのものが農地を所有できるようにする。答申ではあまりはっきりとは言っていませんが、タイトルそのものが「農地を所有できる法人の見直し」ですから、農地所有ができる法人を拡大しろということを言っているわけで、長年の財界の要求がここにもろに出てきているといえます。

中央会制度と農政活動

農協中央会誕生の歴史的経緯

三番目が「農業協同組合の見直し」ということで、いきなり中央会制度の廃止、全農の株式会社化が出てまいりました。これには私も驚きました。全中廃止や全農株式会社化という、いわば頭二つを潰しにかかることがいきなり出てくるというのは、全く想定外でした。

中央会制度廃止の理由は、「農業改革意見」に「単協が地域の多様な実情に即して独自性を発揮し、自主的に地域農業の発展に取り組むことができるよう、中央会主導から単協中心へ、『系統』を抜本的に再構築するため、農業協同組合法に基づく中央会制度を廃止し…」と記述してあるように、中央会が画一的に上から指導して単位農協（以下、単協）の自由な活動ができないという理由です。現場の実感では、そんなことは全くないと思います。北海道ＪＡ中央会の飛田稔章会長の「中央会の言う通りやろうなんて考えている単協は、北海道にはひとつもない」という発言が新聞報道されましたが、それが実感だと思います。

ただし、検査・監査と経営指導については、統一した基準に基づいてきちんとやる必要性はいまだにあると思います。

中央会の成り立ちについて、ここで簡単に述べておきます。

戦後の一九四七年（昭和二二年）に公布された農協法には中央会はありませんでした。中央会が農協法に登場するのは一九五四年（昭和二九年）です。戦後の農協の前身は農業会という戦時中の統制団体でした。農業会は戦時中の農業団体法という法律で、それまであった産業組合と農会を合併したものです。戦前の産業組合は全農民を組織するということは結局できなく、七〇パーセントくらいの組織率でした。ところが農会は一〇〇パーセントの農民を組織し、全市町村にあり、農会技師がいて、技術指導と農政活動をしていました。農会のトップは戦前の地主勢力ですから、非常に強い力を持っていました。

経対協が中央会の前身

それに対して、産業組合は信用事業と経済事業をやっていました。現在の農協の経済事業や信用事業は産業組合からきているんですが、技術営農指導と農政活動は農会からきています。戦後の農協には産業組合と農会の両方のＤＮＡがあり、連合会としては信連ができ、これが農林中金に繋がります。あとは、販売連合会と購買連合会、技術指導の人たちが集まった指導連がありました。

その農協は数年のうちにドッジ不況の中で、全国的に経営破たんします。当時はまだ食糧事情が厳しく、供出と配給という統制経済が生きていました、それを担っていたのが農協であって、これの動きが取れなくなったら国民が飢えるわけです。したがって、国が乗り出して再建整備法という法律ができます。再建整備法は農協が自主的に再建したら国がそれに対して補助金を出すという法律でしたが、どうしても成功させなければいけないので国も力が入りました。

ただ、自主再建で「指導連がやる」といっても簡単にはできない。なぜかというと、指導連には技術屋しかいない。農協の経営指導などできないし、そういう権限もありません。そこでそういうことに詳しい農林中金や信連や販売連や購買連から人を集めて、農協再建整備の特別の対策協議会、農協経営対策中央協議会（経対協）ができる。また、都道府県にも対策協議会ができる。北海道にも農協経営対策北海道協議会ができる。この経対協が農協を経営指導して、再建整備を四、五年でなんとか終わらせる。その経対協が一九五四年に中央会になったのです。

中央会は単協の自由な活動を制約するか

中央会の第一の任務は監査、経営指導です。同年から続けてきたこの仕事は本当に必要なくなったのでしょうか。その際、考えなければいけないのは、農協は日本で最小の金融機関だということです。この間、農協や信連など破綻したところはいくつかありましたが、農協については県レベルで支援し、合併などでうまく収めてきました。また、県単位で信連が破綻するという大変な事がありましたが、それは全国的にカバーして収めてきました。金融機関は絶対潰さないという日本の伝統的な金融政策である護送船団方式を、農業分野で中央会が担当してきたわけです。

農協の広域合併も、六〇〇〇あったものを七〇〇にまとめました。これを自主的に収めてきたわけです。銀行の場合は、全部でどれだけの公的資金を投入したか分からないです。それに比べれば農協は全く迷惑をかけることなしに自力で仲間を救済してきた。このことは大いに胸を張って然るべきことだと思います。

今でも「更なる合併」や、「全県一農協」の動きがあります。ですから監査指導はこれからもやっていかなければなりません。中央会機能というのは信用事業との関連でなくすわけにはいきません。

「農業改革意見」ではこのようなことは何も書いていません。どの農協もその地域の特質に合わせて、その地域の農業の発展の為に独自性を発揮してます。中央会は、頑張っている事に対してそれをバックアップするという役割に徹底してきたはずです。

農政活動の根拠と変遷

信用事業・経営については、いまだに中央会の監査と指導は必要です。その上で、中央会が単協の自由な経済事業その他を邪魔しているという事実はないとなれば、なぜ中央会を廃止すると言うのでしょうか。恐らく農政活動に対する反発でしょう。端的にいえばＴＰＰです。「いい気になってＴＰＰ反対などやっていると……」という脅し。これが一番素直な解釈でしょう。

また、農水省側にも「中央会はわれわれがつくったものだ」という意識があるようです。農林省（当時）が全面応援して経対協をつくり、それを中央会としました。その後、中央会は農水省と二人三脚でやってきました。しかし、ＴＰＰは今や国民運動になってきています。その先頭に立っているのが全中ではないかという意識はあるようです。

農業委員会については「行政庁への建議等の業務の見直し」の中で「農業及び農民に関する事項についての意見公表、行政庁への建議等の業務は、農業委員会等に関する法律に基づく業務から除外する」とあって、農業委員会が持っている意見公表・建議権を除外するとはっきり書いています。こっちの方は自民党案でも農水省の方でもそれが生きています。政府の方針を農協中央会についても適用するということになると、大変根本的な問題です。特に注意が必要です。

ＴＰＰ反対運動の国民的広がり

ＴＰＰの問題では、最初推進派は問題を農業に閉じ込めて、農協の連中がまた自由化反対と言っているというくらいで済ませることができるのではないかと思っていた節があります。ところがＴＰＰそのものが、とてもそんなものではなく、国民の全生活に関わってくるということがだんだん分ってきて、いろいろな人がこの反対運動に合流してきました。特に医師会や主婦連などが入ってきてました。これは大変なことです。農協、医師会、主婦連というのは、だいぶ昔ですが、三大圧力団体と言われてきました。三大圧力団体がこぞってＴＰＰ反対。これは推進派からしたら、正に想定外の大変な事態です。しかも国内の強い反対を受けて国会決議を行った。交渉での要求に押されているというけれども、国会決議というのは非常に効いています。

政府はバナナのたたき売りみたいに譲歩しているようですけれども、国会決議がある限り重要品目の関税削減は絶対受け入れられないわけです。ＴＰＰは今も、漂流する可能性をはらんでいる状況だと思うのですが、これに対する焦りというのは我々が考えているより非常に大きいのではないでしょうか。そういうことを背景にして、中央会問題を考える必要があるでしょう。

独禁法・准組合員問題と農協

協同組合はなぜ独占禁止法適用が除外されるのか

もともと協同組合方式という理念は、戦前の産業組合でも明確なものはありませんでした。これは戦後ＧＨＱ（連合国軍総司令部）によってもたらされた民主主義の考え方です。戦後レジームと言われますが、レジームとは枠組みですから、例えば憲法の平和主義というのは、これははっきりとした枠組み＝レジームです。これを今壊そうとしているわけです。それと経済民主主義というレジームがあります。資本主義は放っておけば大きいものが小さいものを呑みこんでいく。しかしそれだけでは奥深い国民経済はつくれない。従って、小さいものが集まることで大きいものと対等の力を持って自らを維持していくための手段として、協同組合は非常に重要な役割を持たされていたわけです。経済民主主義の担い手です。

協同組合は独占禁止法の適応除外になっていますが、それは共同購入・共同販売の機能があるからなのです。協同組合の共同購入、共同販売というのは、表面的に見れば話し合って同じ値段で買ったり売ったりするわけですから、談合とカルテルです。独禁法が出来た時、それは協同組合ではどうなるんだ、これは独禁法違反ではないかという議論がありましたが、独禁法除外を協同組合の権利として認めないと経済民主主義は成り立たない、したがって協同組合に限り独禁法の適用を除外するということになって、これはずっと生きています。法律家というのは前例を重んじますから、独禁法の適用除外ということは繰り返し出てきたのですが、いまだにそれは生きています。

私が考えるに全農の株式会社化という要求の最大の理由は、独禁法の適用です。全農がバイイングパワーを発揮して値切り交渉をやってくるというのは、大企業にとっては非常に面白くないし、輸出入の業務に大規模に参入しているというのは、商社にとっては非常に面白くないでしょう。その根拠になっている共同購入・共同販売をなんとか外させたい。それには株式会社にするのが一番良い。

現場は一生懸命やっているのに、連合会がきちんとやっていないからうまくいかないというように、連合会を被害者意識で見がちです。そういうところが全くなかったとは私も思いません。しかし協同組合的事業方式をシステムとして守りながら中身を改善していくことがこれからの課題だろうと思います。

准組合員の事業利用を制限できるか

農協の准組合員については、「准組合員の事業利用は、正組合員の事業利用の二分の一を超えてはならない」という量的規制をかけることが問題になっています。要するに准組合員の利用を規制しようということです。最近（二〇一一年）の数字では、全組合員数のうち准組合員が過半数を超え五三パーセントになりました。これは准組合員と農外事業に依存した不健全な農協のあり方であるから「改革せよ」ということです。

これについては、全国で一番准組合員率が高いのは北海道という衝撃的事実があります。全国平均は五二パーセントだが北海道の准組合員比率は七九パーセントです。准組合員比率が高いことをもって農協がおかしくなる原因というならば、北海道の農協は真っ先におかしくなっていなければならないんですが、そうではないことは皆が認めることです。これはいったいどういうことなのでしょう。

北海道の准組合員のほとんどは離農者なのです。北海道の農家戸数は、一九六〇年（昭和三五年）の農業基本法ができた当時は二三万五〇〇〇戸でした。今は六万戸を割るというのですから七五パーセントの人が離農した。したがって都会の人も含めて七九パーセントくらいの准組合員ができてくるのは当然です。

離農しても貯金はそのまま農協に置いておくし、ＪＡ共済の方がいいから一般の損保・生保に変える気はない。Ａコープは使わせてもらうということで、ずっと事業は利用するし、何よりもやはり繋がっていたいんです。単に繋がっていたいという情緒的なことだけではなく、住んでいるところは過疎地帯ですから、商店はどんどんなくなる。ガソリンスタンドも農協のスタンドしかない。だから離農者ではない地域住民でも農協事業を利用しないと生活していけないというのが実態です。農協は正に総合経営でバックアップしながら、いわば骨身を削りながら赤字の店舗を残し、スタンドを残し、配送事業を続けているのです。准組合員ばかり増えているからその利用を制限せよとは、地方の実態を全く見ていません。

准組合員をサポーターに

准組合員は三層から成り立っていると思われます。一つめは離農者。北海道だけではなく、都府県もかつての六〇〇万戸の農家が今は三〇〇万戸です。五〇パーセントが離農しました。五三パーセントが准組合員というのは話が合うわけです。二つ目は過疎地の地域住民です。この人達は農協の施設を利用し、農協をライフラインとして頼っています。そして三つ目に都会の准組合員が挙げられます。

一つ目と二つ目を考えただけでも、准組合員制度をやめろとか、准組合員の利用を制限しろというのがいかに非現実的かということがわかります。しかし、三つ目の都会の准組合員については、少し考える必要がありそうです。都会の人たちが目にしている農協は、みな都市型農協ですから、農業は全然やっていない、金融事業で食っている、利用者も普通のサラリーマンで農家らしい人が出入りしているのを見た事がないというような話になります。

ただ、私はそれほど難しく考える必要はないと思います。都市型農協は、農村のしっかりした農協と合併して、農協らしさを取り戻したうえで、都市農協独自の課題、都市農業の発展とか都市住民への環境を保障するとか、都市型でしか出来ない現代的課題がたくさんあります。

例えば神奈川のＪＡセレサ川崎です。川崎市では公害などの負のイメージから脱却しようと、「エコのまち川崎」の活動を農協をパートナーとしてすすめています。川崎市には多摩丘陵に農地が残っていて、ここで採れるものを全部川崎市内の直売店で売ろうという取り組みをしています。そこの准組合員全員にアンケートを出して、どのような理由で農協を利用しているのかを調べた結果が大変素晴らしいものです。貯金はどこでも似たようなものだが、日本の農業にもっと頑張ってほしいとか、自給率を上げてほしいとか、地元の農業をもっとエコのまちらしくしてほしいとか、そのように考えている人たちが多いということがわかりました。

さらに感心したのは、准組合員を対象とする広報を出していることです。正組合員向けと一般市民向け広報はどこでもやっていますが、准組合員は市民の中の農業応援団、サポーターとして特に大事にして、研修会や家庭菜園のための講習会など、いろいろな取り組みをしています。

行政と農協の関係はどうあるべきか

食管制度から減反政策まで

最後に、行政と農協の関係はどうあるべきか考えてみます。これまで行政は徹底的に農協を使って業務代行をさせてきました。その意味で農協を特別扱いしてきましたし、制度としてもそうなっていました。食糧管理法ではコメに関する業務は全部国がやらなければいけない仕組みでしたが、それを検査以外は全部農協にやらせてきました。集荷・保管・出荷を農協が代行することで制度として成り立っていました。これは農水省にとっても頭の痛い事で、それがあったからある程度政府や農水省が農協の言う事を聞かないといけなかったのです。

食管制度は終わりましたが、減反は残りました。減反に関する業務も行政がやらなければならないけれども、それを実行する能力がないのです。市町村に割り振られた数字を集落まで割り振って、集落の中で誰がどれだけ引き受けて、特別な理由がある場合は他に回そうというような話は農事実行組合での話し合い、つまり農協しかできないのです。国はそれに依存して減反政策をやってきました。

農水省として減反をやめるということは、農協の関わりを切りたいわけです。行政にとってはもう農協はいりませんということでしょうが、農協の協力なしに血の通った農政ができるでしょうか。

「制度としての農協」から対等なパートナーへ

これから農協を議論していくときに要になることは、農協の方から自立していかなければいけないということです。全中も「自立した自主的な組織として自主改革をやる」と言っています。日本の農協は、県連を統合する前ですが、三段階・全員加盟という世界に冠たる組織を誇っておりました。「制度としての農協」は私の表現ですが、制度であったからこそこれができたのです。三段階の組織は国・都道府県・市町村という行政の三段階に対応していたわけです。そこで行政代行業務をやるために全農家を集めた。しかし、行政が今「もう制度としての農協はやめた」と言った時、農協の現勢を保てるかという問題が出てきます。これまでは制度だったから全員加盟しなければならなかったけれど、これからは自由自主だと言った時に農協にそれだけの求心力はあるのか。組合員として残ってくれる人たちはどれほどいるかということを考えた時に、少し心細くなってきます。

「制度としての農協から、自主的な農協へ」と、口では簡単に言えますが、今までの実勢を保てるだけの求心力・理念・結集力というものをどのように発揮していくかが、これからの農協にとって一番の課題になるのではないでしょうか。

北海道は協同組合教育の最良のテキスト

「協同」という字が、小学校から高校まで、あらゆる教科書から消えたと言われております。これは大変なことです。世間では「俺が俺が」の競争原理です。子どものときから友達ではないライバルだという事で育っていったら日本はどうなるのでしょうか。単に組織・経営が攻撃されているという話ではなく、日本人の価値観から協同というものが奪われようとしている。そういうところに今は来ています。

改めて協同組合教育が、協同組合とは何か、なぜ我々は協同組合に結集しなければならないのかを確信していく教育が問われるのではないでしょうか。私は、我々がやってきたことをきちんと整理して話せばよいと思っています。特に北海道は、協同組合の力で間違いなくすごいことをやってきたのですから。

コメを例にとると、国の北海道米に対する品種改良の考えはおいしいコメづくりではなく、えさ米と直播き米という低コスト米の研究という位置づけだったのです。それに逆らって皆でおいしいコメを作ってきたわけです。コメ農家から一俵三〇〇円ずつ集め、農協自身が資金を作って育種事業を応援し、ホクレンも販売戦略を立てた。

国の政策がどんどん農家の所得を下げる方向にあるのに対抗して、北海道の農協は農家の所得を上げてきた。農協の可能性と実績を見るには北海道が一番です。ですから北海道でやってきたことをきちんとまとめれば、それが何よりの協同組合教育のテキストになるのです。

北海道が頑張れてこられたのは、農家らしい農家が多いとか、専業率が高いとか、市場から遠いために協同販売や協同購入が必要だという、客観的な要因ばかり考えていたのですが、二〇一四年春に出版された『北の大地に挑む農業教育の軌跡』(北海道協同組合通信社刊)により、主体的要因として都府県では決して見られない、開拓地独特のいろいろな教育の形が北海道にはあったことが明らかになりました。それには報徳主義もありましたし、デンマークやドイツ、米国からのものもありました。そういうものが混然となって、北海道農民の独特の主体形成がなされたと思い至りました。

国際的な批判を浴びる安倍農政

「国際家族農業年」の重要な意義

二〇一四年は国際家族農業年でした。これは国連が決めたものです。なぜ二〇一四年が家族農業年かということは、国連のＦＡＯ(国連食糧農業機関)が理論的なバックボーンを一冊の本にまとめて明らかにしています。ＦＡＯの世界食料保障委員会専門家ハイレベル・パネルが著した『家族農業が世界の未来を開く――食料保障のための小規模農業への投資』(農文協刊)です。

今世紀中に九〇億人に達するという世界の人口爆発。それをだれが養うのか。最も人口が爆発的に増加しているアジア・アフリカの農業がそれを養うしかないのですが、そこの農業は全て小規模家族農業経営です。ここが頑張る以外に人類を養うことはできない。もう大規模農業の供給力は限界にきているという認識です。

この本の日本語版への序文が素晴らしいので、ここに紹介します。「低い食料自給率と農業部門の高い高齢化率において、日本が置かれている状況は突出しているという点を指摘しなければならない。これは今日の日本では輸入された食料・飼料及び・農業資材によって、需要がまかなわれており、国内の農業生産システムはますます脆弱になりつつあるということを意味している。」「こうした課題に取り組むために、日本の政策決定者たちは、農地の集約化と規模拡大に向けた構造改革をより徹底し、企業の農業生産への参入を促進するための規制緩和を行うというかたちで農業政策を方向づけてきた。しかし、こうした政策上の選択肢は、国民に対して十分な食料、雇用、および生計を提供できるのだろうか。食糧安全保障を実現できるのだろうか。そして日本社会の持続可能な発展に貢献できるのだろうか。このような疑問が持ち上がっている。」

このように国連は心配しているわけです。これはつまり、家族農業ではなく、大規模化することで農業を企業に明け渡すという日本の農政の方向はとんでもないのではないか、ということを言っているわけです。

世界が期待する日本の小規模家族農業

その上で、「日本の農業は世界の小規模家族農業に重要な経験を提供することが出来る。」と言います。小規模農業とはどのくらいあるかと言うと、農業センサスを実施している国が八一カ国あるそうですが、これを全部合わせると、一ヘクタール以下の経営というのが全世界で七三パーセントです。二ヘクタール以下になると八五パーセント。これが五ヘクタール以下になると九五パーセント。北海道はそれ以外、五パーセントの大規模経営に入るわけです。この九五パーセントを占める小規模家族農業経営がアジア・アフリカの食料の八〇パーセントを供給しているという数字がまた一方にあって、これを近代化し生産力をアップしていく以外に、増え続ける人口を養う方法はない。

小規模家族農業が小規模家族農業のまま近代化し、生産力をアップした国は日本しかないのです。

韓国や台湾はそれに近いのですが、そこで使われている技術はほとんど日本で開発されたものです。ですから国際家族農業年の意味を考えた時、日本の果たす役割、日本の経験を世界に伝えることが決定的に大切で、これに国連は非常に期待しているわけです。それなのに安倍政権は何という事をやるんだということです。

このように世界の流れははっきりしていると思います。日本の我々はそういう流れに沿ってこそ、大きな国際貢献ができる。それに対して、安倍内閣が志向している方向性は正に逆行していると言えます。

TPP5つのキケン ③

ISDS

大企業がもうかる仕組み

ＴＰＰの三つ目の危険要素は「投資家対国家の紛争解決」という条項です。これは英語でInvestor-State Dispute Settlement（略称＝ＩＳＤＳ）といいます。

ＴＰＰは、世界規模の大きな市場の中で、モノ、ヒト、カネを動かしてもうけることの出来る大企業のための条約です。その活動の上で、支障が少なくなるようにするための装置の一つがＩＳＤＳです。

その仕組みは、企業など投資家がおカネを出して外国に工場を建てるような時に効果があります。おカネを出す、つまり投資する相手国で不利益を受けた場合、相手国の政府や自治体を訴えることができるという仕組みです。北米自由貿易協定（略称＝ＮＡＦＴＡ）や米韓自由貿易協定をはじめ、多くの自由貿易協定に盛り込まれ、ＴＰＰ協定案にも入っています。

訴える先は、相手国の裁判所ではありません。国際投資紛争解決センター（略称・ＩＣＳＩＤ）という名前の機関です。これはＩＣＳＩＤ条約加盟国で運営され、世界銀行グループを構成する一つの国際機関です。センターでは、紛争解決のために選ばれた「調停人」や「仲裁人」が、訴えを聞いて、紛争についての判断を下します。

一九七二年から二〇一五年六月末までに、合計五二五件の訴えがありました。例えばこんな事例

競争の邪魔！
訴える
GM条例があるのに・・
北海道の水源を守りたい・・
学校給食の地産地消・・
雇用の確保・・

があります。
米国の産業廃棄物処理企業が、メキシコに進出した際、有害物質の埋め立てを禁止したメキシコ政府を「NAFTA違反だ」と言ってICSIDに訴えました。メキシコ側は「埋め立て禁止は環境保護のため当然だ」と反論したのですが、ICSIDはその反論を退け、メキシコ政府に対し、一六七〇万ドル（一ドル一二〇円なら約二〇億円に相当）の賠償金を支払え、との判断を下したのです。

似た事件がカナダでもありました。米国の燃料企業が、カナダで売ろうとした石油製品を巡って起きました。人体に有害な神経性物質を製品に混ぜることがカナダでは禁止されていたため、米国の燃料企業がカナダ政府を訴えたのです。これも企業側が勝利しました。カナダ政府が和解金一〇〇〇万ドル（同約一二億円）を支払うことになったのです。

ほかの事例をみても、大半は企業側の勝利に終わっています。訴えるのは優秀な弁護士を雇えるお金持ちの企業たち。それに対し、訴えられるのは法制度が十分に整備されていない発展途上国、というパターンが目立ちます。最近訴えられた件数が多い国はアルゼンチン、ベネズエラ、エクアドル、メキシコ、チェコ、カナダ、エジプト……などとなっています。

国の主権が失われる？

国際法に詳しい専門家たちは「投資家に、国内法よりも有利な権利を与え、訴えられた国の主権を侵害しかねない」と指摘しています。また、日本で言えば最高裁などの司法機関があるのに、それによらず、国際機関で処理する仕組みなので、「ISDS条項は、治外法権を許し、各国が主権を失うことにつながる」と批判する声も強いのです。

このISDSの条項を盛り込んだTPPに日本が署名・参加した場合、どんな事態が予想されるでしょうか。外国からの参入に障害となる多くのことが訴えられる危険があります。

例えば学校給食の地産地消重視です。学校給食の材料に、地元の農産物を優先的に使う自治体はとても増えています。地元の経済、文化を大切にし、子供に新鮮な農産物を食べさせる取り組みはとても大事です。しかし、TPPに参加すれば、外国企業から「うちの安い農産物と競争させろ」と主張され、「地元優先」ルールそのものが間違っていると訴えられるかもしれません。

遺伝子組み換え作物（GM作物）の栽培を事実上制限している北海道のGM条例についても、北海道の水源を外国資本が購入してしまうことを制限する条例や、道内に貴重な水源を守ろうとする条例についても、外国の企業から訴えられる危険があります。

このほか、公共事業、雇用、教育、文化など、国民の暮らしに直結する広範な分野で、外国企業の論理が優先されることに、なりかねません。いや、なるでしょう。例外をきっちり設けておかない限り、どんな種類の訴えも、あり得ると考えなくてはならないからです。

POINT

1. TPPは大企業のための条約である！
2. 企業や投資家の論理で国家が訴えられる！
3. 国家の主権より企業の利益が大事にされる！

第４章　「自由貿易」拡大で弱体化する日本農業

北海道大学大学院農学研究院講師
東山　寛

自由貿易論の系譜

リカードが説いた「国際分業論」

自由貿易論というものが、経済の発展と共に生まれた理論であることは間違いありません。それを最初に説いたのは、イギリス古典経済学を完成したD・リカード(注1)です。彼は一八一七年に出版した『経済学および課税の原理』第七章「外国貿易について」で、有名な「比較生産費説」を展開したのです。

この説は突き詰めると「国際分業論」です。例として取り上げられているのはイギリス＝工業国(毛織物を生産)とポルトガル＝農業国(ぶどう酒を生産)ですが、一国内で工業・農業の両部門を抱えるよりも、それぞれ得意な分野に集中した方が良く、それをお互いに交易することでメリットが生まれる、という理論を展開しています。

その前提になっているのが「完全な自由貿易制度のもとでは、各国は自然にその資本と労働を自国にとって最も有利であるような用途に向ける」という自由貿易論です。リカードはこの理論にかなり自信をもっていたようで、「ぶどう酒はフランスとポルトガルで造られるべきだ、穀物はアメリカとポーランドで栽培されるべきだ、そして金物類やその他の財貨はイギリスで製造されるべきだ、といったことを決定するのは、この原理なのである」と述べています。

『原理』の本文は細かく巧みな論理の展開と数値例の多用で、かなり読みにくい本なのですが、この部分は珍しくリカードの高揚した筆づかいを感じ取ることができます(引用は岩波文庫版より)。

イギリスで起きた一大農業ブーム

経済学も含めて、社会科学の理論は「歴史と社会」から離れてはなりません。そして、その理論のもつ「正当性」は、現実の「歴史と社会」のなかで、繰り返し確かめられる必要があります。社会科学の理論に永遠不変の真理などというものはなく、「歴史と社会」から離れてしまえばただの空理空論です。リカードは類い希なる理論家であると同時に、後に政治の世界に身を投じるような時代を的確にとらえて発言する時論家でもありました。いわゆる「比較生産費説」も、時論家としてのリカードの本領発揮だと見るべきです。

リカードが『原理』を出版した時期は、イギリスの産業革命がひとつの頂点を迎えつつあった、産業資本主義の勃興期です。その発展の原動力は利潤（産業活動から得られる利潤）の蓄積にあり、リカードはこの点を何よりも重視していました。逆に言えば、利潤の蓄積を妨げるものは、経済発展の敵とみなされます。そして、リカードが敵視していたのは「高い穀物価格」であり、そこから地代という土地に対する支払い＝不労収入を得ている地主階級（王室・貴族）でした。これには当時のイギリスをとりまく、いささかの歴史的事情があります。

まず、一九世紀に入ったヨーロッパはナポレオン戦争の只中にあり、一八〇六年には大陸封鎖令が発動されます。これにより、イギリスは食料の増産と自給に向かわざるを得なくなりますが、それに伴い、国内では一大農業ブームが起こりました。この動きを代表するのが、歴史に名高い「第二次エンクロージャー（囲い込み）」（注2）で、イギリスにおける地主的大土地所有を確立したものです。エンクロージャーは農村に住んでいた人々を箒で掃き出すように追い出し、彼らは都市の工場労働者として吸収されていきます。

ナポレオン戦争の終焉と穀物価格の暴落

この段階では資本(家)と土地所有(地主)が手を握り、資本主義を確立していったのです。経済の発展は都市人口の増加を伴いますから、それに応じて食料供給を増やす必要があります。

当時のイギリスはこれを国内で達成しなければならなかったので、必然的に位置が不便か、質の劣るような条件の悪い土地も耕作に組み入れられるようになります。土地は自然の一部で、人間がつくったものではありません。リカードの表現を借りれば「量において無限ならず、質において均一ならず」というのが土地のもつ宿命です。

そしてこの事情が、同一面積に同じ量の資本と労働を投下しても、土地によって生産性の違いをもたらし、ひいては生産性の悪い土地での耕作を可能にする「穀物の高価格」と地代(生産性のよい土地の地主が多く収入することになる)を生み出す原因になります。リカードはこのことを『原理』の第二章「地代について」で鮮やかに展開しています。こうして、人類史上初めて産業資本主義を生み出したイギリスは、同時に「自然の限界」に突き当たるのです。

ところが、一八一五年のナポレオン戦争の終焉は、輸入再開への期待と穀物価格の暴落をもたらします。その結果引き起こされた恐慌は農業部門だけに留まらず、工業部門へも波及していきます。なぜかというと、農業恐慌によって国内市場が縮小している上に、外国(大陸)市場も戦争の爪痕が深く、平和が直ちに需要を喚起するような状況ではなかったからです。

この恐慌をいかにして切り抜けるかが、資本主義の確立に向かうイギリス社会の大きな問題となります。そのひとつの焦点が、穀物関税の問題でした。つまり、農業を保護して穀物価格を高く維持すれば、地代を受け取る地主の利益になります。地主は支配階層ですから、大きな消費支出の力をもっています。

反対に穀物価格の引き下げは賃金を抑えることにつながるので、その分は産業資本の利潤として蓄積されます。蓄積された利潤は、生産拡大のための投資に振り向けられ、労働者の追加雇用も生まれるでしょう。当面の問題として、どちらがイギリスの利益になるのかということです。

「歴史と社会」の中での自由貿易論

この問題は、イギリス政治の一大争点となっていきます。それと同時に、資本主義のもつ暗い面に光を当てるものでもありました。資本主義は、人々の生活水準をそれ以前と比べて格段に向上させるなど、確かに進歩的側面をもっている反面、深刻な階級対立を抱える社会を生み出します。

今日のように発達した資本主義の下では、階級対立は労働と資本の対立というかたちで前面に出てきますが、リカードの時代の資本主義では、まず資本(家)と土地所有(地主)の対立として現れたのです。

こうした階級対立は、経済学における立場の違いにも反映されます。リカードは前者の立場から穀物関税の撤廃を説き、対して『人口論』で有名なT・R・マルサス(注3)は、後者の立場から農業保護の論陣をはります。これが経済学史上良く知られる「穀物法論争」(注4)ですが、リカードはもともと、この論争で頭角を現した時論家だったのです。

結局イギリスは、一八一五年に穀物法(コーン・ロー)(注5)を制定する途を選びました。穀物価格の上昇が一定水準に達するまでは輸入を禁止するので、一八四六年に廃止されるまで穀物法は価格支持の効果を持ち続けました。穀物法廃止後のイギリス農業はまた興味深い歴史的展開をたどるのですが、今は置いておきます。いずれにせよ、リカードは一八二三年に五〇代の若さで没しているので、生きている時代に穀物法の廃止を見ることはできませんでした。

さて、前置きが長くなりましたが、リカードの自由貿易論はこのような歴史的文脈の中で展開されたのです。リカードにとって、農業保護は「高い穀物価格」をもたらし、それが利潤の蓄積を妨げ、経済発展の足を引っ張るものでしかありません。

しかも農業保護は地主階級だけを利するものであり、彼の眼には反国民的政策と映ったのです。政治的には敗北でしたが、当時の「歴史と社会」の文脈に照らせば、リカードの自由貿易論は一定の正当性をもっていたと言えるでしょう。

ひるがえって今日の社会に、とくに日本の社会で、自由貿易論は正当性を獲得できるでしょうか。リカードの時代に自由貿易で打撃を受けるのは、支配階層である少数の地主階級だったのですが、今の日本では間違いなく多数の農家・農民に被害が集中するでしょう。歴史的な文脈がまったく異なるのです。教科書の理論だけで自由貿易のメリットを説くのは、経済学のそもそもに照らして、まったく正しい態度とは言えません。

自由貿易体制の中での農業の位置づけ

花形輸出産業は「生糸」

第二次大戦後の自由貿易体制の出発点は、何と言ってもガット協定（ＧＡＴＴ＝関税及び貿易に関する一般協定）（注６）です。協定は一九四七年（昭和二二年）に始まり、日本は一九五五年（昭和三〇年）に加盟しました。国際収支を理由に輸入制限ができないガット一一条国に、日本が移行したのは一九六三年

(昭和三八年)のことです。

ガットの基本原則は「最恵国待遇」と「内国民待遇」です。前者は、例えば日本がある物品の関税を定めた場合、ガット加盟国のどの国に対しても、同じ水準を適用するというものです。後者は、関税以外の方法で外国製品を差別してはいけない、というものです。このふたつの原則で加盟国間の「無差別」を担保しているのです。つまり、前者は特定の国に対する優遇や差別を禁止し、後者は内外無差別を規定しています。

ガットの世界は問答無用の自由貿易を押しつけるものと思われがちですが、実はそうではありません。「農業」と「繊維」は、長らく自由貿易の例外扱いでした。ここにも、歴史の文脈が反映しています。

先述したイギリスの場合もまさにそうですが、資本主義が起ち上がる時は必ず軽工業がリーディング産業になります。つまり、繊維産業です。戦前の日本を考えてみても、最初に現れた輸出産業の花形は「生糸《きいと》」でした。

戦後になっても、米国との間で激しい繊維貿易摩擦を繰り広げています。沖縄返還(一九七二年)の時にも、日本に対米輸出の自主規制を呑ませる「糸を売って縄を買う」と言われた密約があったと囁かれていますが、かなり長い間くすぶっていたのです。

戦後の経済復興支えた食糧増産

ある産業の国際競争力が高いということは、他を圧倒するような優れた生産条件を備えていると思われがちですが、繊維産業の場合は決してそうではありません。どれだけ劣悪な労働条件に耐えられるかという「底辺競争」(最低ラインを目指す競争)がその源泉です。戦前の日本で言えば、「女工哀史」（注7）（紡績業）や「あゝ野麦峠」（注8）（製糸業）の世界です。経済が発展するにつれて、人々がいつまでもこのような「我慢競争」に耐えられるわけがありませんから、産業の中心は繊維産業から脱却していきます。ですから、繊維産業の中心地は移り変わるのが必定で、歴史的に見ればイギリス↓米国↓日本↓中国↓東南アジアとなるでしょう。裏返して言えば、繊維産業はつねに後発国から追い上げられる運命にあります。

ところが、このような繊維産業からの転換がスムーズに進むかというと、必ずしもそうではありません。資本主義国は繊維産業が基幹産業であったという歴史を必ず持っているため、国内の隅々にまで産業の網が広がっています。これがある時期を境に、一挙に切り替わるようなことはあり得ません。繊維を自由貿易の例外扱いとし、保護主義の採用が一定程度認められたのは、このような事情によるものです。

同じことが、農業についても当てはまります。先に述べた一九世紀初頭のイギリスもそうでしたが、資本主義の発達は都市人口の増加を伴います。彼らの多くは元農民だったでしょうが、もはや自ら食料を生産する術《すべ》を持ち合わせていません。

そこで増大する都市人口に食料を供給するため、国内の農業生産力を最大限に引き上げようとします。戦前の日本のことを考えれば、植民地の存在がこうした事情を緩和することはあったでしょうが、そうした条件を失った戦後は再び食料増産に着手します。戦前の技術レベルでは不毛の原野として放置するしかなかった北海道の湿地や泥炭地も、大規模開発で見事な農地に生まれ変わります。目立ちませんが、戦後の経済復興の基礎にあるのは、こうした食料増産です。

世界貿易機関の「アメとムチ」

今の感覚と違うのは「食料は輸入すれば良い」という考え方が、この時期にはなかったことです。外貨は何よりも貴重なものでしたから、食料を買うことに充てるのは論外です。日本が米国から大量の小麦輸入を行うきっかけとなった一九五〇年代の「MSA小麦協定」(注9)や「PL四八〇号」(注10)も、その代金をドルではなく、「円」で支払っても良いとしたものでした。

いずれにしても、資本主義の確立と国内農業の生産力拡大は一体的に進められるものであり、先進国=農業大国であるのは不思議なことではありません。このような事情が、農業を例外扱いとしてきたのです。

この原則を大きく覆したのが、ガット・ウルグアイラウンド(UR)農業交渉でした。それは一九九五年のWTO(世界貿易機関)(注11)体制に結実しますが、農産物をすべて関税の世界に引き込みました。国内農業を海外との競争から守る手段を「国境措置」と言いますが、これには二種類あって、輸入(数量)制限と関税です。農業を自由貿易の例外扱いとするということは、当然、輸入制限を認めるということです。

この制限をなくすことが「自由化」です。WTOは「例外なき関税化」を原則とし、日本も重要品目を保護する手段を関税に置き換えました。当初、コメだけは自由化せず、代わりにミニマム・アクセス(最低限の輸入機会)を受け入れたのですが、それも一九九九年から関税化しました。ただし、WTOは「アメとムチ」で、関税化する代わりに、高関税の設定を認めるような裁量もはたらいていたのです。

そもそも関税とは、国産品と外国産品との間の価格調整をはかるための手段です。実際の計算にあたっては、内外価格差を関税相当量として算出し、「従価税」(パーセント)または「従量税」(キロ当たり円)

を設定します。この場合、内外価格差の「内」の方は自ずと把握できますが、「外」をどの国の、どういうレベルの産品をとるかによって結果は大きく変わってきます。「アメとムチ」というのは、そういう意味です。

決裂したままのWTO農業交渉

農産物の場合、国産品のコストが短期間のうちに劇的に下がるようなことは考えられませんから、本当に守りたい品目では「従量税」を採用しています。その方が、輸出価格や為替動向に左右されないからです。自由化したコメの場合、ミニマム・アクセスの枠内の七六・七万トン(玄米)は国家貿易で運用され、枠外はキロ当たり三四一円の関税(二次税率)を課しています。関税さえ払えば誰でも輸入できますが、事実上の輸入禁止的な高関税として機能しています。

WTOは二〇〇一年に新ラウンド(ドーハ・ラウンド)を起ち上げて、関税引き下げ交渉に臨むこととなりました。WTO以降の「貿易自由化」とは、端的に関税撤廃を意味するようになります。TPPや日豪EPAが本格化する以前は、このWTO新ラウンド交渉の行方が日本農業にとっての最大の関心事でした。

新ラウンド交渉では、「関税の引き下げは不可避」というのがおおむねの一致点ではありますが、重要品目は緩やかな引き下げが認められるのか、重要品目の数、上限関税を設定するのか等、論点は多々あります。特に重要品目の数をめぐっては、二〇〇八年に出された提案(モダリティ(注12)案)が全品目の四パーセント(条件付きで六パーセント)となっているのに対し、日本は八パーセントを主張したとされています。

日本は新ラウンドの開始に際して、「WTO農業交渉日本提案―多様な農業の共存を目指して―」を公表しました(二〇〇〇年一二月)。そこでは「UR交渉で関税化された品目は、各国における多面的機能の発揮や食料安全保障の確保の観点も踏まえ、十分な配慮を行う」というWTO協定に対する理解を提示しています。

WTO農業協定も食料安全保障・環境保護などの「非貿易的関心事項」への配慮に言及していますが(前文及び第二〇条)、日本提案はそれらを包括する「農業の多面的機能」を強調しているところにポイントがあります。それ自体は国際社会も受け入れ可能と思われる、正しい主張でしょう。

しかし、農業交渉自体は紆余曲折をたどり、二〇〇四年に「枠組み合意」にこぎ着けたものの、そこから一歩も先に進んでいません。実質的には、二〇〇八年の閣僚会合で決裂したままです。

農業を犠牲にするFTAとEPA

投資協定としてのFTA

このドーハ・ラウンドの交渉停滞を尻目に急浮上したのが、自由貿易協定(FTA)の動きです。先にガット原則である「無差別」に触れましたが、FTAは締結国に対する関税を原則ゼロにするものなので、その意味では差別(優遇)です。しかし、「自由貿易地域」について定めたガット第二四条は、関税が「実質上のすべての貿易について廃止されている」場合は、その例外だとしているのです。

つまり、FTAを結んだといっても、何か特定の産品だけを抜き出して関税をゼロにしたりすれば「差別」になりますが、「実質上のすべての貿易」でゼロになっていれば、差別には当たらないという理解です。「実質上のすべて」がどの程度のレベルを指すのかは規定がありませんが、そもそもからして例外扱いを獲得するのが非常に難しいと言えます。

日本は当初、このＦＴＡの潮流に否定的で、ＷＴＯのような多国間の枠組みを重視していました。この点は、アメリカもそうだったと思います。しかし、自動車産業に代表されるような製造業の海外展開が進み、ＦＴＡにはもうひとつの意味合いが込められるようになっていきます。それは「投資協定」としての側面です。

製造業が海外展開するということは、現地工場を建設するわけですから、当然のことながらそれには投資を伴います。そして企業にとっては国同士の投資協定で約束して欲しいことは、投資に対する制限の撤廃、ビジネス活動に対する規制の撤廃、投資財産の保護や投資紛争の処理のルール化などです。

これらのなかには、企業にとって死活的な重要性をもつ項目が含まれているのも確かです。例えば、進出にあたって現地資本との合弁や技術移転が義務化されている場合、企業秘密の流出につながりかねません。日本の電機産業が「総崩れ」になった遠因は、このことにあります。

誰のためのＦＴＡか

投資協定はそれ単独で結ぶことも可能ですが、物品の協定とセットにした方が都合が良いのです。自動車産業は今やアジア最大のサプライ・チェーン（供給網）を構築していますが、例えば基幹部品などは日本から組み立て拠点（タイなど）に輸出している場合もあり、関税はできるだけゼロにしたい。こうした産業の利害を反映して、日本は遅ればせながらＦＴＡ戦略に踏み出すこととなりました。

農業分野もこれに理解を示し、二〇〇四年一一月に「みどりのアジアEPA推進戦略」(注13)を農林水産省が策定しています。

このEPAというのは、日本がFTAの代わりに用いている用語で、「経済連携協定」のことです。FTAを前面に掲げると「実質上のすべての貿易」で関税をゼロにしなければなりませんから、農産物の重要品目を抱える日本にとっては都合が悪いのです。

日本はアジア諸国との間で九つの協定をすでに結んでいますが(ASEAN全体との協定を含む)、農産物の重要品目では「除外」か「再協議」(将来の自由化に含みをもたせつつ、扱いを先送りにすること)としてきました。

ところが、EPAを進めるにつれて、このような手法が通用しない事例も当然出てきます。いずれもアジア以外ですが、日メキシコ協定(二〇〇五年発効)と日豪EPA(二〇一五年発効)です。メキシコは、農業分野が問題になった初めてのEPAです。

豚肉を強い関心品目として掲げるメキシコに対し、関税撤廃はしませんでしたが、低関税輸入枠(関税割当)の拡大を余儀なくされました。メキシコはタイと並んで、日本の自動車産業の世界的な輸出拠点になっていますから、「誰のためのFTA」であったかは明らかです。国内の農業関係者は猛反発しましたが、小泉純一郎首相(当時)の「農業鎖国はできない」という発言に押し切られました。

豪州が折れた日豪EPA

日豪EPAは、農産物輸出大国と結んだ初めてのFTAです。始まりは、小泉政権の後を引き継いだ前安倍政権で、二〇〇六年(平成一八年)一二月の安倍=ハワード会談で交渉入りが決定されました。

しかし、それとほぼ時を同じくして「米、小麦、牛肉、乳製品、砂糖などの農林水産物の重要品目が、除外又は再協議の扱いとなるよう、政府一体となって全力を挙げて交渉すること」とする国会（衆参農林水産委員会）の決議が出されました。第一回交渉は二〇〇七年四月にスタートしましたが、農産物の関税撤廃をめぐって平行線をたどったままでした。交渉は二〇一二年（平成二四年）六月の第一六回会合を最後に、事実上の中断状態となりました。

この時、日本は民主党・野田佳彦政権でした。野田首相は前年の二〇一一年一一月一一日に環太平洋連携協定（ＴＰＰ）交渉の「参加協議入り」を表明し、日米間を中心とした「事前協議」のプロセスに入りました。しかし、野田政権は結局、正式な参加表明を出来ないまま政権交代に至りました。

第二次安倍政権が発足したのは二〇一二年一二月ですが、安倍晋三首相の動きは速く、翌二〇一三年（平成二五年）三月一五日にＴＰＰの参加表明をしてしまいました（日本の正式参加は七月二三日）。いずれにしても、ＴＰＰが前面に出てきた時点で日豪ＥＰＡは後景に退き、それが先行してまとまるとは思ってもみませんでした。

日豪ＥＰＡは二〇一四年四月七日に大筋合意が両国から発表され、二〇一五年一月一五日に発効しました。安倍首相は自らの手で始めた協定交渉を、八年越しで決着させたことになります。日豪ＥＰＡがこの時点でまとまった背景は複雑ですが、いちばん大きな要因はオーストラリアがそれなりに「折れた」からでしょう。これには、ＴＰＰに関連した事情が絡んでいます。

日豪ＥＰＡがスタートラインのＴＰＰ交渉

日本は、二〇一三年二月からアメリカ産牛肉の輸入規制を緩和しました。これはＴＰＰの事前協議で、アメリカが強く求めていたことに対応したものです。内容は、月齢制限の二〇カ月から三〇カ月への引き上げと、除去を義務づける特定危険部位の範囲の緩和です。この効果は大きく、米国産牛肉の輸入拡大に即座に結びつきました。

そして、これにシェアを奪われるかたちになったのが豪州です。日本の牛肉輸入は、米豪の二国で大体九割を占めているのですが、豪州のシェアは六割強から五割程度にまで下がったのです。この失地回復を狙って、少しでも有利な条件でまとめようとしたのが日豪EPAの決着内容です。

日本側の牛肉関税(三八・五パーセント)は最終的に、ほぼ半分の水準(冷蔵二三・五パーセント・冷凍一九・五パーセント)まで削減されます。この点は間違いなく大幅な譲歩ですが、輸入急増を抑える仕組みとして緊急輸入制限(セーフガード)を措置しました。

セーフガードの発動基準として直近の輸入量が採用され、発動されれば関税は元の三八・五パーセントに戻ります。日豪EPAに対する日本政府の見解は「国内農業への影響はない」「影響が出たら対策を打つ」というものに留まります。

日豪EPAの決着は、現行の輸入量の枠内に限って関税を引き下げるレベルに影響を抑えたのは確かです。しかし、TPPのあり得るべき決着との関連では、重大な禍根を残しました。日本はTPPの参加に際しても、日豪EPAの決議と同様の国会決議をおこなっています(二〇一四年四月)。いわゆる「聖域=重要五品目等」に関する決議ですが、そこでも「除外か再協議」を掲げています。

ところが、日豪EPAの牛肉の決着は、「除外」でも「再協議」でもありませんでした。明らかに関税削減で決着しています。そして、決議の当事者のうち、決着に関わった側からは「国会決議違反」を問う声は上がってきていません。我々は交渉を縛るものとして「国会決議」を重視してきましたが、これでは政府自らが「反故《ほご》」にし得ることを内外に公言しているようなものです。

さらにＴＰＰ交渉、とくに日米協議では、日豪ＥＰＡの決着がスタートラインになったといえます。米国はこの手の交渉術に長けていますから、関税全廃ではないことと引き換えに、削減幅やセーフガードの発動基準を細かく詰めてきました。日米は昨年四月の段階で、これを「方程式」と呼んでいました。

そして事態は、そのようなかたちで進行しているのです。

危険なＴＰＰとアベノミクス農政

米豪に設けたコメの「特別輸入枠」

現在、ＴＰＰ交渉はアトランタでの大筋合意を受けて、交渉担当官による協定内容の具体的な詰めが行われているようです。報道からその内容を整理しておくと、概略、以下のようになります。

まずコメについては、米豪に対し、現行のミニマム・アクセス（ＭＡ）の枠外で「特別輸入枠」を新設します。その数量は、米国産が最終的に七万トン、豪州産の約八〇〇〇トンと合わせると、計七・八万トンとなります。ただし、米国側の要求と折り合いをつけるためか、ＭＡ枠内での優遇措置も設定しました。

現在、主食用のＭＡ米はＳＢＳ（売買同時契約）（注14）方式で輸入していますが（上限一〇万トン）、それとは別に、ほぼ米国＝カリフォルニア産米と想定できる「中粒種・加工用」に限定した六万トンのＳＢＳ方式の枠を新設します。米国産の実質的な新設枠は一三万トンとなり、要求（一七・五万トン）の四分の三に応えた格好となるでしょう。「引き分け」とも言えない結末です。

麦はＷＴＯ上、カレント・アクセス（現行輸入量）（注15）の枠内で国家貿易を行っていますが、実質的な関税に当たるマークアップ（売買差益）（注16）を四五パーセント削減するという具体案が浮上しています。現状はキロ当たり約一七円（上限四五・二円）で、約八〇〇億円の「関税収入」があります。これが国内生産の対策費に充てられているので、直ちに財源不足を引き起こすでしょう。

輸入急増する牛肉・豚肉、食肉加工品、バター

米国が最も重視している牛肉・豚肉に関して、その「方程式」の詳細が明らかになりました。まず、牛肉の関税は一五年かけて三八・五パーセントから九パーセントに削減します。日豪ＥＰＡと比べても大幅な関税削減です。セーフガードも措置しますが、現行の三八・五パーセントに戻るのは三年目までで、四年目以降は三〇パーセント、一一年目以降は二〇パーセント、一六年目は一八パーセントまでにしか戻りません。一六年目以降は四年間発動がなければ廃止されます。さらに、発動基準は発効時五九万トン、一六年目が七三・八万トンで、今よりも二〇万トンも多い輸入増を認めることになります（直近の輸入量は五四万トン弱）。

豚肉は現行の差額関税制度―①輸入価格がキロ当たり六四・五三円以下は四八二円の「従量税」、②六四・五三円超・五二四円以下は五四六・五三円（基準輸入価格）との差額を徴収する「差額関税」、③五二四円（分岐点価格）超は四・三％の「従価税」という三段階の仕組みをかろうじて維持するものの、①の従量税を最終的に五〇円に引き下げ、②は適用範囲を大幅に狭め、四七四円まで①の従量税とし、③の従価税は最終的に撤廃、というように大幅に譲歩する結果となりました。

警戒すべきは、食肉加工品（ハム・ソーセージ等）の原料である低価格帯の輸入急増です。①の従量税

対象の場合はセーフガードを五年目から措置するとしていますが、一二年目に撤廃します。したがって、仕組み上は輸入急増を抑える歯止めがありません。

酪農品ではこれまでのWTO枠を維持した上で、新たにTPP枠としてバター・脱脂粉乳で生乳換算七万トン程度の輸入枠を設定しました。バター不足に見舞われている日本は、昨年度に約一九万トン、今年度に約一六万トンの追加輸入をやむなく実施していますが、その半分弱を恒常的に輸入することになります。

農業が弱体化するアベノミクス農政

これに加えて野菜・果樹の関税がほとんどすべて撤廃され、大半の水産物も同様に撤廃されることが明らかになりました。「除外」でも「再協議」でもないため、国会決議違反であることは明らかです。コメすら例外扱いになっていません。そもそも、TPPは農業分野を特別扱いしておらず、この点はWTO交渉よりもはるかに後退しています。したがって「非貿易的関心事項」や「多面的機能」の主張もまったく通用しません。この点がまず異常ですが、さらに輪をかけて異常なのは「アクセスとルールの取引」が行われることです。

グローバル企業の利害を反映して日米主導で進められているTPP交渉は、知的財産権の強力な保護や投資家・国家紛争解決（ISDS）条項のようなルールを強引に導入しようとしています。豪州・NZのような農産物輸出国や途上国にとって、それを呑むことと引き換えに与えられるのが「アクセスの拡大」です。TPP一二カ国のなかでこれを提供できるのは米国（酪農品・砂糖、繊維）、カナダ（酪農品・家禽）、日本（重要五農産物など）しかなく、なかでも日本は格好のターゲットとなりました。

日本はＴＰＰ交渉でこれだけの譲歩をしているにもかかわらず、農業分野では国内調整のプロセスを事前に何も設けませんでした。そして、アベノミクス農政は「農業の成長産業化」「所得倍増」をうたってはいますが、実際にやっていることは農協・農業委員会組織の解体と、農地法改正を通じた企業参入の促進です。これらの「異次元」の農政改革にも、財界＝グローバル企業の意向が深くかかわっていると見るべきです。

日本の食料自給率は依然として三九パーセントで、アジア（特に中国）の経済成長は日本の「買い負け」をもたらしています。このような時代に、ＴＰＰとアベノミクス農政のセットは、日本の食料輸入依存体質を深め、国内農業の弱体化を間違いなくもたらします。今の日本社会の文脈から、ＴＰＰの正当性を見出すのは限りなく困難です。

TPP 5つのキケン ④

知的財産

年間一二兆円のドル箱産業

四つめの危険は「知的財産」をめぐる問題です。知的財産は英語では Intellectual Property，略して「IP」といいます。これは個人や企業などが頭を使って生み出したもののことです。

例えば、文章や絵、デザイン、音楽などの創作、新しい研究や発明、作物の新品種開発などといった活動の末に得られた成果のことです。これらの成果に対し、生み出した人が持つ権利を知的財産権と言い、権利者は特許料などのかたちで利益を得ます。

米国の知的財産を基盤とする産業は、映画・娯楽から製薬、自動車、コンピュータソフトに至るまで幅広い産業で、大きくは製薬などの「産業財産権」と、映画などの「コンテンツ」の二分野に分かれています。

このうち、産業財産権分野の輸出額は、日本が年間約二兆七〇〇〇億円（二〇一一年）なのに対し、米国は一二兆円（同）と、ケタ違いに大きくなっています。

安価な後発薬品が作れなくなる？

TPPでは、その知的財産権を保護する仕組みを決めようとしています。しかも、その知的財産の範囲はとても広いようです。

中でも今、交渉参加国の間で一番もめている点

日米
製薬会社
ドン
薬の特許
薬が買えない…

が、「新薬開発者の知的財産権保護期間」です。新薬開発後の一定の期間は、新薬をコピーすることはできません。これを「新薬のデータ保護期間」（特許期間）といい、この期間を過ぎると別のメーカーが、ほぼ同じ製法で同じ効能の安い薬を製造販売できます。これを後発薬品（ジェネリック薬品）といい、新興国や途上国に大きな需要があります。

新薬開発は世界の四割が米国。大手製薬会社は日米欧でほぼ占められています。TPPでは日米が開発メーカーの利益を代弁し、「新薬データ保護期間を長くすべきだ」と主張、安価なジェネリックが頼りの途上国は「保護期間を短くすべきだ」と主張して、対立しているようです。

医療では、特許制度が、手術や新薬投与にも拡大されようとしています。患者は、そのたびに特許料を支払うことになります。

GM企業からも訴えられる！

開発企業のために知的財産権を保護拡大する仕組みは、GM作物やGM動物の遺伝子情報にも適用されるでしょう。例えば、GM作物の種子や花粉が飛んできてGM作物が畑に出来てしまった場合に、農家がGM企業から「我が社の知的財産を勝手に使った」と訴えられるといった事態も世界中に広がることが予想されます。

インターネット上の情報のコピーも難しくなりそうです。ブログやSNSで新聞記事や他の人の意見などを引用すると罰せられるといったことも考えられます。

アニメの衣裳を真似するコスプレや、漫画のパロディーも規制される恐れもあり、表現の自由にとって大きな問題です。

著作権利者以外から起訴される？

特に、原作を真似した作品（二次創作）は、作者が刑事告訴しなくても検察が訴追できるという「非親告罪化」に懸念が集まっています。営利目的の海賊版やネットへの映像などの不正アップを抑制する効果があるとされる一方、二次創作に対する第三者による嫌がらせが深刻化したり、創作活動やイベントの規制につながる危険があるとも指摘されています。同人誌即売会「コミックマーケット（コミケ）」などでも「表現の自由を制限するもの」と心配する声が上がっています。この心配について政府も「影響なしとは言えない」と認めています。

もう一つの問題は著作権保護期間の延長です。ディズニーやハリウッド映画などの巨大なIP産業を持つ米国が、自国利益を保護するために持ち込みました。これまでは著作権保護は、著作権者の生前と死後五〇年でしたが、これを死後七〇年まで延長しようという話です。

このように、知的財産の問題は、薬をはじめ工業製品や農産物、文化、情報など幅広い分野に影響を与えるもので、協定案や交渉の詳細を早く明らかにすると同時に、多くの分野への影響などを巡って、国民的議論が必要ですが、現実には、政府が情報を隠して、国民に知らせないでいるので、それができていません。

POINT

1. 知的財産分野は、企業にとって儲けどころ！
2. 企業の財産を保護する一方、表現の自由は制限？
3. 検察が訴追できる「非親告罪化」に不安の声！

第5章　私たちはこう考える

グローバリズムで脅かされる食料と地域農業

北海道農業協同組合中央会会長
飛田稔章

真の国際化とは、尊重し共存すること

通信技術や交通手段などの発達により、国を超えて人的交流や物資の移動が拡大していく大きな流れ＝国際化については、否定するものではありませんが、各国が有するあらゆる敷居を取り払い、強いものが弱いものを呑み込み駆逐していくグローバリズムは、めざすゴールが全く異なるのではないでしょうか。

かつて北海道大学の七戸長生名誉教授は、「真の国際化とは、国同士がお互いの風土条件・歴史・社会制度・生活文化を認め合い、尊重しながら共存していくことではないのか」と指摘されておりました。

農業分野で考えてみましょう。競争力のある品目のみに特化したモノトーンの農業は、経営の視点でとらえた場合、一時的に経済的利益を享受できる可能性はあるものの、自然災害のリスクが高まり、結果的に地力を収奪し、農薬に過度に依存した脆弱な形態とならざるを得ません。

また、国レベルでのモノトーン化、つまり競争力のある国が農業生産を担い、競争力のない国が全面的に安い農畜産物を輸入することは、「フードマイレージ」の概念にあるとおり、膨大なエネルギー

の消費と輸送コストの発生を招くとともに、国際相場の変動や禁輸措置などへのリスクを高め、一国の食料安全保障を揺るがすものとなるでしょう。

ほんのひと握りのための交渉

現在行われている環太平洋連携協定(TPP)交渉の行き着く先は、関税や安全基準などの農畜産物貿易障壁を極力なくすことにより、種子や農薬、農産物貿易を牛耳る特定の多国籍企業に多大な利益をもたらすことが想定される一方、我が国の農業生産を衰退に追い込み、国民の皆さんへの持続的・安定的かつ安全な食料の供給を脅かすことは必至と思われます。

二〇一五年六月、米国議会における大統領貿易促進権限(TPA)法案の審議過程において、米国の労働組合や市民団体が大きな反対の声を上げる中、法案自体は際どく通過いたしましたが、TPA法案の成立に向けて多額の金を投じロビー活動を行った主体が、グローバルな経営展開をしている多国籍企業であったことは、TPPが特定の国や国民のためのものではなく、ほんのひと握りの多国籍企業のための交渉であることの証左だと思います。

TPP交渉の内容に関し、政府からの説明は一切なく、先行きは不透明でありますが、JAグループ北海道としては、引き続き国民との約束である「国会決議の遵守」と「交渉情報の開示」を政府・国会議員に求めていくとともに、詰まるところ「なんのための、だれのための交渉なのか」という根本的な問題を、行政や「TPP問題を考える道民会議」の皆さん、市民団体の皆さんと一緒に、改めて問い返していきたいと考えております。

食の安全の取り組みが瓦解する

大見英明
コープさっぽろ理事長

これまでの規制や基準が参入障壁に

コープさっぽろは、ＴＰＰの締結に明確に反対しています。それは、第一に食の安全が必然的に担保されなくなるからです。

私たちは五〇年前から、有害添加物の排除を含めて食の安全と安心の確立のために組合員さんとともに努力してきました。農業生産物の残留農薬の問題や、流通履歴を把握するトレーサビリティーの確立、またアレルゲン除去商品の開発と表示のわかりやすさの追求などを積み重ねてきました。二〇一一年（平成二三年）の東日本大震災と同時に発生した福島原発事故以降は、食品における残留放射能検査を継続して実施してきています。

今回のＴＰＰは国際法として機能することになります。そのため日本の食の安全と安心を担保する今まで重要と考えられてきた複数の規定や基準（例えば農薬のポストハーベスト）が、海外の食品産業が日本に輸出する際の参入障壁として認定される可能性が高いと指摘されています。

いままで日本の消費者の期待に沿って厳格に運用してきた日本の食に関する法制度も、ＴＰＰの締結と同時にそれらのいくつもの取り組みが瓦解することになってしまいます。これは日本人の食の安全を考える上で、大変由々しき事態です。

例えば、私どもの配食事業では幼稚園給食のお手伝いをしていますが、一人ひとりの園児に対してアレルギーを発症する成分が違うので、厳密な作り分けを行って提供させていただいて好評を得ています。お弁当の具材はさまざまな原料の組み合わせによって構成されています。

ただ、このお弁当の具材ひとつを作る工程の中にも、「中間原料」といわれるものがあります。この原料に微量でも従来の日本の規制外の添加物を含む輸入原料が混入していても、輸出国の基準で取り扱いが認められていれば、もしかしたら情報を得られずにその原料を取り扱うことになってしまい、時に深刻な事態を招きかねません。

商品の原料に関する厳格なトレーサビリティーの遡及の道が経たれてしまうことは、場合によってはアトピーの問題を解決することができなくなってしまいます。これは恐るべき話です。この問題に対して、ＴＰＰ交渉では私たちの主権はありません。

ＴＰＰで食料自給率はさらに後退する

反対するもう一つの理由は、食料自給の問題です。食料は基本的に自国で担保する状況を作らなければ、国の自立は難しいと思っています。これはイギリスの政治家、チャーチル首相も唱えたことです。日本は経済成長によって、お金を出して世界からいつでも食料を買える時代が長く続きました。しかし、この二〇年間で様相は大きく変わりました。

ＴＰＰ締結によって一時的にも北海道における農業生産の後退が進めば、離農と農地の荒廃、畜産の衰退などによって、食料生産は取り返しのつかない状況に追い込まれることになります。食料自給率はさらに後退し、その回復は困難さを拡大します。

私自身も二〇年前に鮮魚部門の仕入れ責任者をしていましたが、すでにそのころヨーロッパで発生した牛海綿状脳症（ＢＳＥ）、いわゆる狂牛病のあおりを受けて、代替品としての水産資源の原料価格が高騰し、従来どおりの価格で買い付けることができなくなるという苦い経験をしています。

この傾向はここ二〇年間、アジアの経済発展に伴ってさらに深刻になってきています。食料資源は有限であり、世界の人口増加と経済発展はとどまるところを知りません。

アジアにおいてもかなり深刻な食料争奪戦は始まっています。日本が海外から食料を買えなくなる状況も確実に進んでいます。歴史的にも人口が減少する国家での経済発展はありえないということは定説です。自分で自分たちの食料を賄えない以上、国家としての自立が本当にできるのか心配です。後世に禍根を残すＴＰＰの締結に未来はないと思います。

国民皆保険を崩壊させてはならない

長瀬　清
北海道医師会会長

長寿国・日本を支える国民皆保険

日本の医療制度は、一九六一年（昭和三六年）年に国民皆保険になりました。これが今日の女性も男性も長寿で八〇歳以上の平均寿命につながっています。健康寿命も男女とも七〇歳以上で、日本は世界で一番の長寿国になっています。

世界トップレベルの長寿社会、救急医療をはじめとする地域医療体制の構築、各種の高度医療の提供を低コストで実現した我が国の国民皆保険を守り続けていきたいというのが私たちの願いです。

米国は私的保険が中心で、オバマ大統領が日本の医療制度にならって「オバマケア」と呼ばれる国民皆保険をつくるということで大変話題となりました。しかし皆保険とはいっても国が責任を持って行うのではなく、やはり保険会社が中心となって進める私的保険なのです。

国民本位の医療制度が崩れていく

日本では保険が利かない高額な自由診療と保険診療を組み合わせる混合診療を禁止していますが、米国は二〇〇〇年（平成一二年）ごろから、日本に対して規制緩和を強硬に求めてきています。混合診療が行われるようになると、高額な医療や新しい医療は公的保険の給付範囲から外され、いつでもどこでも国民が医療を受けられるという皆保険が前提の日本の医療制度が崩れていきます。

現在も混合診療的な制度も組み込まれてきており、評価療養とか選定療養とか最近では患者申し出療養といったものがありますが、私たちは原則として皆保険体制を崩さないということを前提に対策を取ってきています。また日本の医療は営利企業の参入を認めておらず、非営利での病院経営となっています。外国資本を含めた株式会社の病院は日本にはありません。

ところが今の政府は経済優先の市場原理主義の政策を進めており、国民本意の医療制度がだんだん崩れていく方向にあります。ＴＰＰが締結されると、米国の要求で外国資本の営利企業が日本の医療分野に参入してくるのは明らかです。

公的保険の適用範囲を狭めるＴＰＰ

営利企業が病院経営に乗り出すとどういうことになるでしょう。営利目的なので、採算の取れない診療部門や不採算な地方の医療はすぐに切り捨てられるでしょう。これでは患者本位の医療ではなく、儲け本位、利益を上げるための医療に変わってしまいます。そうなると高額な自由診療を受けられる高所得者層と受けられない層との医療格差が生まれ、日本はますます格差社会になってしまうでしょう。

これまで低く抑えられていた薬代も、価格が上がっていくのは間違いありません。日本の薬代は中医協（中央社会保険医療協議会）の薬価専門部会という場で公定の値段で決めていますが、外国資本の営利企業はこうした公的薬価制度をやめさせることによって、より高い価格で販売できるよう日本の医療現場に自由価格の市場を迫ってくるでしょう。

具体的には日本の公的薬価制度が、非関税障壁として投資家に不利益を与えることを理由に、投資家・国家紛争解決(ＩＳＤＳ)条項を発動して圧力をかけることが予想されます。また医薬品の知的財産権の保護を強化することによって、ジェネリック(後発)医薬品を抑制し、高い医薬品を販売しやすくすることも懸念されます。

さらに薬が患者に投与されるまでには薬品の安全性を十分に確保できるようにしていますが、規制緩和の推進によってその安全性も揺らいでしまうでしょう。ＴＰＰ参加によって実質的に公的保険の適用範囲が狭められ、患者本位の制度が崩れていく。それは日本の医療の崩壊を意味します。

国民の健康を守る日本の皆保険が壊れていくようなことは絶対にさせてはなりません。国民の健康と命を守るという使命を担っている私たち医師会は、これからも皆さんと手を携えてＴＰＰ締結反対の声を上げていきます。

雇用と暮らしを直撃するＴＰＰ

工藤和男
日本労働組合北海道連合会会長

労働者への影響は必至

ＴＰＰの内容は幅広い分野に及び、経済や産業、地域など国民生活や社会のあり方と深く関係し、多大な影響を及ぼすことが懸念されています。私たち連合北海道は、国民への情報開示と丁寧な説明が十分行われていないことから、国に対して拙速に判断することなく広範な論議を行うよう主張してきました。

政府は労働分野に関して、「労働基準の緩和や外国からの労働の流入などについては起こらない」とし問題視してはいません。しかし、農林水産業や商業・工業製品などの関税撤廃にともなう物品市場アクセスのみならず、金融・保険・法律・医療・建築などのサービス分野、政府調達などで、労働の移動が自由化されることによって、これらに関わる労働者の雇用や賃金・労働条件などに影響がでることは必至です。

特に北海道は、農林水産業など第一次産業が基幹であり、これに関連する食品工業・食品流通・外食産業、機械などの製造業や中小企業への影響などによって、雇用機会の減少や地方経済の疲弊やコミュニティーの崩壊などが危惧されます。

政府調達も自由競争が加速し、政府や地方自治体が発注する物品やサービスに、海外企業や商品、人材が進出するなど地元優先の発注も困難となり、公共事業などでは低価格競争が激化する危険性があります。

また過当な市場競争による安価な商品の製作のために、安い労働力が日本に流入し、外国人の単純労働者を交えた過酷な賃金抑制や合理化など、雇用喪失や不安定化を招くことなどが考えられます。さらに国家対投資家の紛争を処理する投資家・国家紛争解決（ＩＳＤＳ）条項によって、労働者保護法制などが「非関税障壁」として撤廃される可能性もあり、ＩＬＯ（国際労働機関）基準を満たす労働法制の遵守や労働保護法制などが根底から覆される恐れもあります。

「よりよい暮らし」が共有できる成長へ

一方でグローバル化は機会をもたらすチャンスと同時に、社会的なまとまりにとっての脅威にもなっています。二〇〇八年（平成二〇年）のリーマンショックに端を発した世界経済危機から得た教訓は、いわゆるトリクルダウン型の成長モデルはもはや機能せず、格差が拡大し成長に対しても阻害要因であることに気づき、その出口戦略を探っています。

従来型の成長パラダイムからの転換が必要であり、すべての人・国がグローバル化から便益を得られるようにインクルーシブ（包括的）な成長へと社会のシステムや政策体系を転換していくべきです。

経済成長は一部の人に富が集中する事なく、老若男女を問わず、あらゆる人の生活に改善をもたらすものではなくてはなりません。物質的繁栄だけでなく健康、教育、安心・安全、ワークライフバランスなど「よりよい暮らし」を共有できる、そういう成長のあり方を目指すべきです。一人ひとりが地域や職場に参加・貢献し、将来の見通しを立てられるような土台を創らなければなりません。人々を置き去りにし犠牲にする成長であってはならないと考えます。

連合北海道は、今後もＴＰＰに関する情報開示や丁寧な説明を求めるとともに、国民・道民の合意なき判断は行わないよう、地域に住む者として道庁をはじめとする他団体と連携してオール北海道で取り組みを進めていきます。

このままでは食の安全と安心が脅かされる

桑原昭子
北海道消費者協会副会長

「風前の灯火」の国会決議に憤り

二〇一三年（平成二五年）三月、安倍首相は国民的合意のないまま、日本がＴＰＰ交渉に参加することを表明しました。私たちは当初より、国民的合意のないまま交渉に参加することに対し、この多国間の経済協定には多くの問題があると訴えてきました。

とりわけ農畜産物などの関税が撤廃された場合、農業ばかりではなく関連産業を含めた北海道経済に甚大な影響を及ぼし、地域社会が崩壊する恐れがあること、さらには食の安全・安心が脅かされ、日本の食料安全保障を根底から揺るがすことを強く懸念し、政府が交渉を急ぐことに反対してきました。

国民各層からの強い批判を背景に、衆参両院の農林水産委員会は重要農産物については段階的な関税撤廃も認めず、この「聖域」が確保できない場合は交渉からの脱退も辞さないと決議をしております。このことは日本国内だけでなく各交渉当事国においても、「市場原理、自由貿易を優先するＴＰＰ」は国境を越えて事業を展開する米国などの多国籍企業の利益に資するものだという広範な市民の声、そしてＴＰＰによって打撃を受ける産業界の抵抗も高まっており、交渉が迷走し、長期化していることは当然のことでした。
しかし政府はこの間、守秘義務を盾に交渉の進捗状況、具体的な情報を国民に知らせず、何が論点となっているのかさえ分からない、議論をすることすらできず、国民は異常な状態に置かれてきました。これほど秘密のベールに覆われた経済交渉は前例がありません。一方、報道などでは牛肉・豚肉の関税大幅削減、米の輸入拡大など、耳を疑うような情報が次々と伝わっています。

持続可能な成熟社会への移行阻むＴＰＰ

最近では早期妥結の見通しがつき、交渉は大詰めを迎えたとも言われる状況で、これが事実であれば国会決議は「風前の灯火」で強い憤りを禁じ得ません。農業や食料問題に限らず、ＴＰＰは経済全般や環境、医療、労働など、さまざまな分野に及び、社会や暮らしのありようを根底から変えるものです。

食は暮らしの軸です。健康な大地から生命力あふれる種子で命を支える本物の食べ物を育て、北海道が安全・安心な食料を供給する、日本の食料基地としての役割を果たさなければなりません。私たちは食べ物やエネルギーなどの資源が地域で循環することで、雇用や安心、生きがいが生まれる社会を目指しています。

ＴＰＰは北海道が描く大きなビジョンを押し潰すものであり、道民に大きな不安をもたらします。このことは市場原理と自由貿易を旗印とするＴＰＰは、新たな経済成長をもたらす切り札にはなり得ず、むしろ持続可能な成熟社会への移行を阻むものにほかなりません。国の主権を損なうとともに国民の知る権利、健康・幸福に生きる権利を侵害するものです。「国益」を守るというだけで、内容は一切秘密で合意を急ぐ政府のやり方、国民的議論を置き去りにしたままのＴＰＰ締結は納得できません。

私たちは情報の公開と民主的手続による合意形成を求めます。ＴＰＰの拙速な締結に反対する国内外のすべての人々と手を取り合い、声を上げ続ける決意を表明します。

農業を守ることは、人と国を守ること

石川純雄
北海道農民連盟委員長

経済優先・消費者重視のメディア報道

今、とても静かに、日本人の食べ物を大きく変えていこうという動きが進行しています。残念ながらその動きは私たち国民が自主的に決められるものではなく、私たちの知らないうちに、食べ物を巡る状況が大きく変わろうとしています。その動きの目に見えるものの一つとして、我々、北海道農民連盟が「断固反対、即時撤退」にあげているＴＰＰがあります。

ＴＰＰは、自由貿易をめざす協定である事はご存知の通り。難航するＴＰＰ交渉妥結の鍵を握るとされていた米国の大統領貿易促進権限（ＴＰＡ）法案が、米国議会で賛成派・反対派が拮抗する中で可決され、六月二九日にオバマ大統領が署名して成立してしまいました。これでＴＰＰ交渉の妥結に向け弾みがついてしまう恐れが出てきました。

経済優先・消費者重視を旨とするメディア報道の中、農業に対する世間のまなざしは厳しいものがあります。「保護されすぎ」「補助金漬け」といったイメージで塗り固められた農業が、他産業の足を引っ張っているという見せ方をすれば、世論は推進の方向へ進むだろう――そんな思惑がＴＰＰ推進派になかったとはいえないはずです。

農業者の自負は、「安心・安全」

しかし農業というより食品としてＴＰＰを見るなら、ＴＰＰとは食べ物を変えてしまう枠組みだということです。その瞬間に、多くの国民が「えっ」と耳を疑うでしょう。これまで日本で認可されてこなかった食品や添加物が入った食べ物、遺伝子組み換えが行われた食べ物（ＧＭ食品）が大量に出回る可能性が高くなります。それらの輸入を止める非関税障壁と言われる枠組みが壊されようとしていることに気づいたとき、国民はいったいどんな意思表示をするのでしょうか。しかもそれらの表示義務さえなくなったとしたら、安心して食べ物を口にできるでしょうか。

ずっと国民の食べ物を守ってきた我々農業者の自負は、「安心・安全」です。そして安心の中には生産者の顔が見えるという安心と潤沢に食べ物が国民に行き渡るという安心もあります。米国のブッシュ元大統領がかつて言った言葉に、「食料自給できない国を想像できるか。それは国際的圧力と危険にさらされている国だ」というのがあります。

仮にＴＰＰに合意したならば、確かに安い農産物や食料が出回り、一見消費者にとっては有益に思えるでしょう。しかしながら国内の農業は衰退し、食料自給率が一三パーセント以下まで落ち込むと試算されています。日本人の胃袋の八割以上を海外に依存することになるのです。交渉において食料の輸入規制カードを出されたらどうなるでしょう。まさによだれを垂らした犬（日本）がご主人様（外国）にお預けを喰らっているのと同じで、どうやって外国と対等な交渉を進められるでしょうか。

企業参入は利益の追求

また政府はＴＰＰの合意に向けて、反対勢力である農協、農業委員会などの改革を行い、農業への企業参入を促しています。確かに、いま日本の農業は大きな岐路に立っています。すでに一〇年ほど前から農家戸数は減少し、現在は六五歳以上の生産者が大勢を占め、リタイアしていく者は多いのに新規就農者は少ない。

農地の移譲はなかなか進まず、耕作放棄地は依然として多い。日本の農業の危機をぬぐえない状態にあるのは事実です。しかし、そこまで追いやった戦後政治の責任は誰も取っていません。それを曖昧にするために企業に参入させるのでしょう。

企業の参入はあくまでも利益追求であり、地方を守ることではありません。ましてやＴＰＰの合意により多国籍企業が参入したならば、ＧＭ（遺伝子組み換え）作物を使い、利益のみを追求し既存（ＧＭ作物ではない）の作物を駆逐しかねません。

グローバルという言葉は耳に聞こえのよい響きですが、非常に恐ろしい含みを持った言葉だということを認識してほしい。そして農業を守ることは人を守ることであり、国を守ることであることも。

地方と農村消滅に追い打ちかけるTPP

菊池一春
北海道訓子府町長

農業を基幹産業とする純農村の我が町

二〇一〇年(平成二二年)一一月一三日、当時の菅直人首相がTPPへの「協議開始」を表明し、「平成の開国」をめざすと声高らかに強調しました。私の同年代の首相が我が国の農産物の自由化がどれ程、町や地域農業を崩壊させ農家を苦しめるのか、先進資本主義国では最も低い食料自給率の現状を本当に理解しているのか腹立たしく、思わず「殿ご乱心！」と語らずにはいられませんでした。

こうした情勢下で一二年一二月一六日に行われた第四六回衆議院議員選挙では自由民主党は安倍総裁の写真入りで「日本を取り戻す。自民党」を掲げ、黄色地のポスターに黒字で堂々と「TPPへの交渉参加に反対！『聖域なき関税撤廃』を前提にする限りTPP交渉に反対します」と訴え、大勝利のうえ政権に復帰したことは記憶に新しい出来事です。

農業を基幹産業とする純農村の訓子府町、とりわけ農家の方々が「TPPへの参加中止」と、民主党政権下で大幅削減されてきた「農業基盤整備事業」や「土地改良事業」への予算投入を期待した事は言うまでもありません。町民の代表としてTPP参加反対をはじめ、地域の農業振興のための支援を道内選出国会議員はもとより、農林水産省や関係省庁に対して先頭を切って要請してきました。

農業者の声に寄り添うよう要望

その後の国会決議は「米、麦、牛肉・豚肉、乳製品、甘味資源作物などの農林産物の重要品目について、引き続き再生可能となるよう除外又は再協議の対象とすること」などとしており、これを順守するとともに「一〇年を超える期間をかけた段階的関税撤廃を認めない」とされました。しかしこの決議も当初掲げた「TPPへの交渉参加に反対!」『聖域なし関税撤廃』と比較してもトーンダウンと考えるのは私の我田引水でしょうか。

一五年一月二五日付の日本経済新聞の報道では「米国はコメの輸入二三万トン以上を日本へ強く要請!」「日本は五万トン死守!」など、すでに条件闘争に入っているのかと危惧を抱きます。

同年五月二〇日、TPP交渉をめぐり北海道農民連盟が道内一三八名の「国会決議遵守!」市町村長署名を林芳正農水大臣へ直接要請する事を聞き、参加させていただきました。当日は残念ながら林芳正農水大臣が不在のため、中川郁子政務官を北海道農民連盟代表者二六名の方々とともに訪ね、要望書を渡し、訓子府町長として次の点について強く主張させていただきました。

「①TPP国会決議の順守の先頭にたっていただきたい②地域農業のみならず地方自治の崩壊につながるTPPは、公約に掲げた代議士の政治生命に関わる重要な問題③豊かな農村、農業の発展は自由民主党にとっても国是、食料自給率の向上を始め、農業基盤整備、土地改良事業等、予算確保を後退させてはならない④最近の農業政策は「農業委員の公選制を廃して任命制」「耕作者主義を廃した土地管理制度」「農協組織の一方的な改組」等々、農業の実態や農業者の要望からかけ離れている。もっと農業者の生活や声に寄り添っていただきたい」

中川郁子政務官が私どもの声をどのように受け止めたのかは不明です。北海道選出国会議員の一人としても私どもの切実な声を真摯に受け止め、心血を注いで頑張っていただきたいと願うばかりです。

国民運動の一翼を担いたい

ここ数日、米国の動きも目を離す事ができません。大統領貿易促進権限（ＴＰＡ）法案が上院、下院でも可決され、ＴＰＰ交渉が関係一二カ国においても審議が加速する報道がなされ、我が国の経済界も歓迎の連呼が始まり協定批准のうねりがまき起ころうとしています。

国や北海道は人口減少社会が地方や農村消滅は危機的な状態と考え「地方創生」は一丁目一番地と捉え、これから五年間を重点に「地方総合戦略」の樹立と、各地方自治体からの提案を強く求めています。ＴＰＰで際限なく農産物の自由化が促進されることになれば、農業の未来が描けず「地方創生」などは吹き飛んでしまうのではと、ある種の恐怖感に襲われます。

私はこうした動きに屈することなく、今こそ正念場と捉えオホーツク活性化期成会をはじめ、ＪＡきたみらい役員、訓子府町議会、そして訓子府町職員全員の「ＴＰＰ反対」の声と行動を求め続けています。

大筋合意に基づいた安倍首相の「攻めの農業に軽換する」という言い切り型の言葉は、ある意味で虚しさすら感じます。今この時の食料自給率拡大の展望と道筋は見えません。安全安心の農業実現を、と毎日額に汗して頑張る農家の方々の不安感をどのようにして払拭するのか。その具体的道筋を示す農政の真価が問われていると思えてなりません。

ＴＰＰ問題は各国会議員、市町村長はもちろんのこと、医療関係者や大学研究者、報道関係者、多くの農業者、農協、農民組織などの真価が問われていると思えてなりません。さらなる大きな声と行動が、職業や年齢、考え方の立場をこえて国民的世論、運動として巻き起こる一翼を担いたいとこぶしを握り締めております。

TPP 5つのキケン ⑤

秘密性

国民に知らされない条約

五つ目の危険は「秘密性」です。ＴＰＰはとにかく秘密がいっぱい。と言うより、ほとんどすべてが秘密です。何しろ、協定案自体が秘密で、合意・調印しても、その後四年間は秘密だといううわさです。「うわさ」というのは、どこまでが秘密か、という取り決め自体が秘密になっているため本当のことが分からないからなのです。

日本が交渉に参加した二〇一三年七月のマレーシア会合よりも前は、日本が知っていなくても、まだ許せたかも知れません。しかし、交渉参加後はそうは行きません。一旦合意したら、日本の国全体、国民全体をしばるのですから、どんな合意をしようとするのか、どんな交渉になっているのか、などについては、国民に十分に知らせ、国民の間でよく議論しておく必要があります。合意よりも何カ月も何年も前に十分な期間を設けて、議論する必要があります。なにせ、条約締結には国会の承認が必要です（憲法七三条）。国会は主権者である国民から立法権を付託されている機関ですから、当然、国民が十分に知って、議論していないといけません。

日本政府は秘密を約束

ところが、日本政府は、マレーシア会合で交渉のテーブルに着く際に、「全部秘密にすることを約束します」という内容の契約書にサインしたよ

TPP
合意文書
それは秘密です
官僚
ダメ〜
何に合意
したのさ！

うなのです。多くの新聞、テレビがそう報じています。しかし、なぜそんな契約を交渉参加前に結んだのか、そんな契約が必要な交渉になぜ参加するのか、を問題にしたり、追及したりするメディアはほとんど皆無でした。

　政府はその後、「みなさんに知らせたいのはやまやまですが、できないのです」などと言って、協定内容はもちろん、交渉経過も、一切を隠しています。契約自体を追及しなかったメディアはその後も、その秘密性については批判できていません。マスメディアは裏から取材して、「おコメや肉や小麦でこんな合意をしている」などといった報道をしていますが、政府は表向きには「誤報だ」などと言うだけで、内容を具体的に修正することもしません。

　協定文は、会合の際に、各国の代表団が読めるようになっていますが、コンピューターの画面でのぞくだけで、それをプリントアウト（印刷）したり、データをネット上でシェア（共有）したりは禁止されているそうです。画面をのぞくだけで他国と交渉などできるのか疑問ですが、頭で覚えていることを、共有するのが許されているのは一部の官僚の間だけだというのです。国民にも農業団体など直接の利害関係者にも、秘密にされているのです。ウィキリークスという団体が、協定文案を独自に入手し、インターネット上で次々に公開していますが、日本政府は「内容を確認していない」などと言って逃げています。

　結果として、交渉している協定文も、交渉でどの国がどのような主張をしているのかの詳細も、全体会合や二国間会合の中身も、一切が国民には明らかにされていません。

内容が分からないまま参加？

　内容が分からないまま、交渉参加国が「合意に達した」と宣言し、日本政府が「これに参加します」と言う日が来るのでしょうか。そして、その膨大な量の協定文と附属資料が、避けては通れない国会承認のために、国会議員に配られるのはいつでしょうか。承認の数カ月前でしょうか。それとも数日前でしょうか。国会議員に配られた資料は「国会の外には出してはいけない」などという条件が付くのでしょうか。それは国民の暮らし、産業、地域、命にどのような影響を及ぼす内容なのでしょうか――。とにかく一切が秘密なのです。

POINT

1. ＴＰＰは、協定案そのものが秘密！
2. 国民が知らない条約を国会承認できるのか？
3. 秘密の条約に、国民の生活が縛られる？

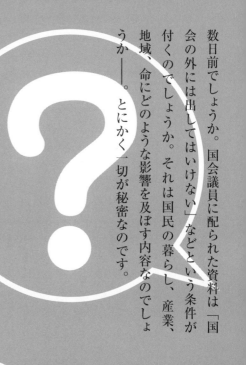

第6章　パネル討論

「TPPから北海道の命と食を守ろう」

パネラー　孫崎　享（外交評論家）
佐藤博文（弁護士）
山田正彦（弁護士、元農林水産大臣）
黒田栄継（全国農協青年組織協議会会長）
安斎由希子（アーシャ・プロジェクト共同代表、お母さん代表）

コーディネーター　久田徳二（北海道新聞編集委員）

日本の姿をどう形作っていくのか

久田　今日は北海道に大きな影響を及ぼすと懸念されている環太平洋連携協定（ＴＰＰ）に精通されて、しかもさまざまな場面で発言されている方々をお招きし、「ＴＰＰから北海道の命と食を守ろう」と題した討論会を開きたいと思います。会場には一五〇〇人以上もの道民の方々が集まっていらっしゃいます。すごい熱気ですね。それでは早速ですが、最も打撃を受けるであろう農業分野を代表し、黒田さんからお話していただけますか。

黒田　私は農業の現場で仕事をしていますので、ＴＰＰに関する懸念をこれまでも事あるごとに強く訴えてきました。私たちはＴＰＰに対する闘いを通じてこれからの日本の姿をどう形作っていけばよいのか、この国がどのような方向に進んでいけばよいのか。ＴＰＰでは、まさにこの点が私たちに問いかけられているテーマであり、私たちが何をどのように選択していけばよいのかかを問われているのだと改めて感じています。

久田　その通りですよね。

黒田　私たち生産者はこの国の食や農業を担い、その責任を背負って日々営農しています。しかし米価は需給情勢の緩和で大きく値下がりし、酪農も円安により輸入飼料が高騰しています。また畑作では、私が就農したときに比べると二倍も値上がりした肥料もあるのです。稲作、酪農、畑作のいずれの農家も非常に厳しい経営を強いられています。

今北海道の農業現場では多くの離農者を出していて、その結果として大規模化も進んでいる状況です。しかしＴＰＰが妥結してしまうと、日本の中で農業が地域とその経済や産業を支えている北海道で、一番被害を受ける可能性があるのです。また農村地域には農業の関連産業が非常に多いですから、基幹産業の農業だけでなく関連する産業すべてに影響を及ぼすTPPには、本当に大きな危機感を抱いています。

久田　ありがとうございました。安斎さんも余市町で有機農業に取り組んでいます。今の状況をどう見ていますか。

国民皆保険が崩れる恐れ

安斎　黒田さんと同じ意見で、ものすごく心配というか危機的な状況だなと考えています。TPPが妥結すると農業だけでなく、国民皆保険の仕組みが崩れる恐れがあります。保険証があれば全国どこでも医療が受けられるのは素晴らしい仕組みです。しかも高くても三割負担ですから本当にすごい。子どもに何かがあっても、保険証があれば医療が受けられるわけです。今まではそれが当たり前のように思われてきたのですが、その医療が受けられなくなる可能性が出てきたのです。

アメリカでは既に、医療を受けられずに盲腸で死んでしまうような人が出ています。アメリカは日本と違って皆保険ではないので、お金がなくて民間の保険に入れない人がたくさんいます。急病で救急車に乗って、「あなたの保険番号は何番ですか」と聞かれて、民間保険に入っていなければ盲腸で入

院して手術をすると三〇〇万円もかかってしまうのです。
　そんなお金って誰も払えないですよ。格差社会のアメリカでは高額所得者は払えるのかもしれないけれど、私は無理です(笑)。目の前に盲腸の患者がいても、アメリカでは医療費を払える確約がなければ入院させてもらえないし、手術も受けられない。アメリカの医療の現場では、ものすごく大変なことが起きるなと感じています。
久田　その通りで、アメリカでは家庭の破産の六二％は医療費負担が原因だといいます。日本の場合は皆保険の中で医療報酬が決まっています。どの医者に診察してもらっても同じ料金で受けられるというのも、私たち国民にとっては安心できる医療制度だと言えます。
安斎　本当にそれだけでも素晴らしい。私は民主党政権が二〇一〇年(平成二二年)にＴＰＰ交渉に参加表明してからずっと「ＴＰＰはやばい」と騒ぎ続けていますが、ＴＰＰで皆保険の仕組みが崩壊したら大変なことになります。
久田　安斎さんは今日、会場に来られた方々全員にお母さんたちがつくった手づくりクッキーを配りました。

お母さんたちも気づいている

安斎　はい。なんでクッキーをこの集会で配ろうかと考えたのは、団体や組織の人たちだけでなくお母さんとも一緒に何かできないか、一緒に参加できないかということでした。私だけでなく、いつもは黙っているけれど政治に参加したい、何かがしたいと考えているたくさんの女性たち、お母さんたちがいるのを私は知っていました。いつも大きな集会を開いてくれる「ＴＰＰ問題を考える道民会議」

や「JAグループ北海道」、各組織の皆さんには感謝していますが、できればこの集会は北海道中の女性たちとともにつくり上げていきたいと考えたのです。

そこで思いついたのが、このクッキーづくりです。TPPで重要五農産物の米、小麦、牛肉・豚肉、乳製品、てん菜糖（ビート）、このうちの3品目を使いました。北海道の小麦粉、てん菜糖、そしてバターです。それから北海道産の飼料で育った鶏の卵、あとほんの少しですが外国から輸入したシナモンが入っています。主原料のほとんどが北海道産、そして少しの外国産。私たちは既に輸入にも頼って暮らしていますから、シナモンは入れました。

久田 ほう、そうですか。

安斎 けれどもクッキーの中のシナモンのように、輸入品はほんのわずかでいいのです。もしもこの国産と外国産の比率が変わってしまったらどうしますか。小麦、バター、砂糖が外国産になってしまったら、私はとても困るのです。なぜならいつまでもこの豊かな北海道の自然とともに、頼もしい農家の人たちが育てている北海道産の作物が大好きだからです。すごくおいしいからです。北海道産という文字を見ると安心するからです。

ずっとずっと北海道産のものを食べていたい。子どもたちが大人になっても、おいしく北海道産のものを食べ続けてほしいと思っています。北海道の農家の皆さんにつくり続けてもらいたいのです。

このクッキーづくりにかかわってくれたのは、北海道中のお母さんや女性たちです。ほんの少しの私の呼びかけにすぐに応じて動き出してくれました。男性たちの頼もしい行動も素晴らしいのですが、私たちの行動も素敵だと思いませんか。

久田 いやぁ。素晴らしいです。

安斎　家事に追われ子育てに学校行事にと、日々に追われながら仕事もしている忙しい女性たちが、「クッキーつくるよ」と呼びかけたらあっという間に応じてくれて、声をかけ合い、北海道に大きな「NO　TPP」クッキーの輪が広がったのです。

農家よりも消費者が困るTPP

安斎　クッキーは一〇〇人ぐらいの若い女性やお母さんたちが一週間ぐらいでつくりました。道内に住む女性たちもこの大集会で何かがしたかったのです、私たちらしい愛のある何かが—。朗らかに笑いながら、受け取った人が温かい気持ちになれて、微笑んでくれて、でもちゃんとノーというメッセージが伝えられる何かです。いかがでしょう。男性の皆さん。私たち女性も頼もしいと思いませんか。ぜひこれからも心強く思ってください。(拍手)

今回、この集会を皆さんと一緒に開くことができて本当にうれしいですし、TPPをこの北海道から断固阻止するという気持ちをさらに強くしました。北海道のおいしいお米が好きだから反対、国民皆保険の医療制度を守り続けたいから反対、私たちの雇用を守り続けたいから反対、いろいろな反対の声を結集すれば、北海道の厳しくも豊かな自然とともに暮らす私たちなら、必ずTPPを止められます。この素晴らしい大地をよく知っている私たちだから、強く、たくましく、温かく、反対の声をともに上げられると思います。

農家が農家でいられなくなるということで、一番困るのは、農家より私たちお母さんや消費者だと思います。都会の住民の方のほうが困ると私は考えています。ですから私たちも消費者として北海道産の農畜産物を支え、応援し、ともに声を上げることを約束します。この集会がゴールではなくスタートです。明日からはきっともっと強くなっているはずです。今日こうして農家、企業、組織、市民の皆さんと強くつながれたのだから、今から一緒に始めましょう。TPPより愛で世界とつながりたいのです。

久田 若い女性やお母さんたちが一週間でここまでされるとは、すごいですね。お母さん方の間にはTPPが北海道にやってくると「安全でない農産物もやってくる」という心配が広がっているのでしょうか。

「やばい」「まずい」で広がる危機感

安斎 はい、広がっています。やばい、まずい、これは大変なことになると思っています。そしてすぐに動き出したのです。お母さんたちって、「ねえ、やばいらしいよ」「大変らしいよ」という思いですぐ動いてくれるので、その輪がどんどん広がっています。ぺちゃくちゃおしゃべりしながら、クッキーをつくりながら、一〇〇人のお母さんたちがおしゃべりをしてTPP反対の輪を広げていってくれたので、本当に「素敵っ」と思いました。

お母さんたちが日ごろうるさいとか言われている無駄話をどんどん広げたいと思っています。男性たちにはあまり歓迎されないぺちゃくちゃおしゃべりをして、その中で「TPPは、やばいらしい」というのを広めていきたいです。山田正彦先生が監修した小冊子『5分でわかるTPP』(発刊・ミツイパブリッシング)を会場入り口で売っていますが、これを明日からご近所に配りましょう。三〇〇円で買えます。この小冊子は実によく出来ていて、本当にTPPの本質が五分で分かります。

久田 会場の皆さん、明日からの合い言葉は「TPP、やばいらしい」ですね。

安斎　はい。何かやばいらしいよ、何かよく分からないけれど「やばいらしいよ」と言ってください。どんどん広めてくれるとうれしいな。

久田　そのＴＰＰの「やばいらしい」の典型はＩＳＤＳ条項だと、孫崎さんが指摘しています。全国組織の「ＴＰＰに反対する弁護士ネットワーク」で北海道事務局を担当されている佐藤弁護士に、このＩＳＤＳの「やばさ」というものを解説していただきたいと思います。

国民主権を侵害するＴＰＰ

佐藤　外国投資家、主にアメリカの多国籍企業を指しますが、そこが貿易相手国に対して投資協定に反したと考えた時、その国を国際仲裁機関に訴えることができる決まり、それがＩＳＤＳ条項です。訴えられた国の政府は、その仲裁機関の判断に無条件で従う約束をすることを定めています。

ですから外国投資家や多国籍企業に日本が訴えられたら、日本という国家が自らの主権を制限して、彼らの金もうけ、彼らのルールに従うということを最大限保障するような仕組みをつくることなのです。

ＴＰＰは自由貿易を最大化することを柱にしているので、アメリカにとっては自分の国で行ってきたルールをほかの国にも同じよう適用するようなものなのです。だからアメリカは本質的に痛くもかゆくもない。そのアメリカとＴＰＰでより密接に貿易をする相手国、特に日本がこの問題に直面することになるわけです。

国の主権を損なうようなＩＳＤＳ条項が入っている協定には合意しない――これは安倍政権が誕生した二〇一二年（平成二四年）の総選挙の時の自民党の公約、スローガンだったわけです。ですからＩＳ

DS条項が日本の主権を侵害する可能性があるのは、自民党自身も実はよく分かっているのです。

アメリカとカナダ、メキシコは一九九二年(平成四年)、北米自由貿易協定(NAFTA《ナフタ》)を締結しました。ここにもISDS条項があります。協定締結から二〇年以上たちましたが、多国籍企業などが訴えた紛争や裁判は四五〇件に上ると言われています。勝ったのはアメリカ企業だけだと言われています。

危機意識がない安倍首相

佐藤　実は仲裁の結果を秘密にすることもできるので、どんなことが争点になってどういう結果になったのかは、公表されたものでしか分からないというほど秘密性が高い。何とも恐ろしい話です。私たち法律家の立場から言うと、国会が国権の最高機関であり最高の意思決定機関であるという憲法四一条、日本国内での紛争は日本の裁判所で解決するという憲法七六条、こういった憲法の基本原理にISDS条項は反すると考えます。ですからTPPそのものが、憲法改悪あるいは改正に匹敵する協定だと思っています。

二〇一二年に協定が発効した米韓FTAの中にもISDS条項が入っているのですが、韓国では日本の最高裁判所にあたる行政機関が「とんでもない主権侵害だ」ということで、政府に意見書を出すような事態にもなっています。

安倍首相には憲法が国の最高法規だという感覚がないのか、TPPで国家の主権を放棄してしまうような事態になるという危機意識がないのではないでしょうか。

久田　ありがとうございます。佐藤先生からTPPは憲法改悪だというご指摘がありました。山田さんはＴＰＰそのものが憲法違反であるとして、「ＴＰＰ交渉差止・違憲訴訟の会」を立ち上げて、違憲裁判を始められました。

明らかな憲法違反のＴＰＰ

山田　佐藤先生がおっしゃったように、これは間違いなく憲法違反です。アメリカでも著名な法律学者約一二〇人が、「ＩＳＤＳ条項はアメリカの主権を損なうものだ」という意見書を政府と議会に出したばかりです。この協定で最も問題なのは、交渉のすべてが秘密で行われているということです。

農産物の関税については、新聞でも少しずつ報道されるようになりましたが、私は聖域といわれる米、牛肉・豚肉、小麦、砂糖、乳製品の重要五農産物についても、日米の間で秘密裏に話し合いができて、落としどころが決まっていると思っています。なぜなら一年近く前の話になりますが、オバマ大統領が日本に来日した二〇一四年四月、ＴＰＰ交渉の両国の責任者の通商代表部（ＵＳＴＲ）のフロマン代表とＴＰＰ担当の甘利明大臣が徹夜で会談しました。

全国紙など新聞のほとんどは、農産物の関税問題は先送りだと報道しました。ただ読売新聞一紙だけが、一面トップで「農産物関税は基本合意」と報道したのです。覚えているでしょうか。私はその直後にブルネイで開かれたＴＰＰのステークホルダー会議に出席しました。その場でＴＰＰに反対するニュージーランド・オークランド大学のジェーン・ケルシー教授からいきなり、「山田さん、牛肉と豚肉の関税はもう決まったと我々には伝わっています。今、日米の間で関税交渉をやっているのは砂糖の問題です」と言われました。

久田　ほう。そうですか。

山田 その後、私は日本政府の首席交渉官に「農作物の関税は決まったのではないのか」と詰め寄ったのです。そうしたら交渉官は「まだ八合目までしか来ていない。まだもう少しだけれども、このもう少しのところが大変なのです」と説明しました。

私はさらに「数字の問題が話し合いの中に出てきているのか」と詰め寄ると、「その通りです」と答えたのです。読売新聞がすっぱ抜いた後に朝日新聞も日本経済新聞も追いかけて、牛肉は関税を九パーセントまで引き下げるとか、豚肉の関税は云々など、具体的な数字が報道されました。米の輸入数量についても具体的数字が出てきている状況なので、「農産物の関税についてはもう既に決まっているのだろう」と交渉官に言うと、彼は「最終的には知的財産権とか、特許権の期間の問題とか、詰めなければならない分野が残っているので、それらがパッケージで決まってからお話できます」と言うわけです。

ということは農作物の関税については、ほぼ内容が決まったのではないかと推測できるのです。このままTPPが締結してしまったら農産物の関税は大幅に引き下げられることになり、日本の農業は大変なことになるのは明らかです。

知る権利が侵害されている

山田 生産者だけでなく、食の安全にもかかわってくるので消費者も大きな影響を受けます。遺伝子組み換え食品の表示も、残留農薬の表示もできなくなります。今、米韓FTAによって韓国で一番大きな問題となっているのは、地域でとれる農産物を子どもたちの学校給食に提供する地産地消ができなくなっていることなのです。

地場産農産物を優先させることが、アメリカ企業にとっては平等な競争を阻害しているというのです。北海道でも消費者と生産者が連携した地産地消の活動は活発ですが、韓国と似たような状況になる可能性があります。

私たち国民は憲法二五条で、健康で文化的な最低限度の生活を送れることが保障されています。生存権であり、平穏に生活する権利です。最高裁判所は、条約についても法律についても政令についても、あるいは地方の条例についても、それらが日本国憲法に違反しているかどうか判断できるわけです。

久田　その通りですね。

山田　我々には憲法二一条で保障された「知る権利」があります。違憲立法審査権に基づいて、ＴＰＰの秘密交渉が私たちの知る権利を侵害していることを訴えたい。今までの裁判所の判例では、我々が平穏で生きる権利の許容範囲を超えるような侵害があった場合か、もしくは侵害される恐れがある場合には、その原因行為を差し止めることができるのです。

ＴＰＰでは既に、憲法二一条の国民の知る権利を侵害していますし、憲法二五条の健康で文化的な暮らしを脅す恐れがあります。そうである以上は我々主権者である国民として、この原因行為に対して差し止め訴訟を始めたのです。北海道の皆さんにも、この訴訟への参加を呼び掛けているところなのです。

我々の訴訟では一人二〇〇〇円の負担で原告になれます。既に三〇〇〇人以上の会員と八〇〇〇人の原告がおります。

久田　ＴＰＰに参加しても日本のＧＤＰ（国内総生産）は年間わずか〇・〇六六パーセントしか押し上

げないと、政府が試算しています。それなのに安倍政権は一体何のためにTPPに前のめりになっているのか。孫崎さんはどう分析しますか。

国民でなく米国を向く安倍政権

孫崎 安部政権をどう評価するか、安部政権の本質は何か、その辺りを考えてみると答えが出てくると思います。安倍政権は沖縄・辺野古への基地移設に対して、どの政権よりも一生懸命です。沖縄県民が反対しようが強硬に工事を進めています。TPPでも民主党政権よりも前のめりです。集団的自衛権の行使容認も従来の憲法解釈の枠を飛び越えてしまいました。では何のためにそれらを進めているのか。

そこには日本国民の利益はないのではないか。辺野古にしろ、TPPにしろ、集団的自衛権にしろ、それらすべては米国と一体化することが目的化しています。アントニオ・ネグリとマイケル・ハートが書いた『帝国 - グローバル化の世界秩序とマルチチュードの可能性』という本がありますが、そこには「世界は新しい帝国に入ってきている」と書かれています。

どういうことかというと、例えば日本の財務省の官僚たちは誰と価値観を共有しているのか。国民なのか、それともアメリカ財務省の官僚なのか。また例えば日本の大手銀行は、我々預金者と価値観を共有しているのか、それともシティバンクのようなグローバル金融機関と共有しているのか。

久田 我々ではないような……。

孫崎 安倍政権とその政権を支える日本のグローバル企業は、国民や預金者ではなく米国の同じような階層の人たちと価値観を共有しているのです。日本国民とは価値観を共有していない、というよりも、共有しようともしない政権ができてしまった。見ている相手が国民ではないのですから、GDPが伸びなくてもいいのです。だからアメリカと一体化できるTPPに前のめりになっていると思います。

ところで私はTPPの条文がどの時点で国民に明らかにされるのか気になっているのですが、山田さん、この点はどう見ていらっしゃいますか。

米国にも広がるTPP反対の波

山田　マレーシアの貿易担当大臣がはっきり言っているのは、批准の二週間前には国会議員、そして国民に協定内容を明らかにしたいということです。アメリカの国会議員も二〇一四年九月から、ようやく決められた場所で協定内容について見ることができるようになりました。

ただコピーを取ることも写真を撮ることもできない、メモをすることもできないのですが、見ることは可能になった。閲覧できるようになった直後、民主党の議員の一七七人が反対署名をし、共和党も茶会グループを中心に四一人が反対署名いたしました。それだけ協定が国民の利益を損なう内容になっている表れでしょう。

日本でも民主党の篠原孝議員が、「アメリカの国会議員が閲覧できるようになったのだから、日本の国会議員にも当然見せるべきだ」と内閣官房に申し入れをしたのですが、「アメリカはアメリカ、日本は日本」と蹴られたのです。

久田　それはひどいですね。

山田　米韓FTAが締結された時の韓国はどうだったかというと、国民にはもちろん明らかにされませんでした。国会議員に対して委員会にも諮らず、国会の議場で七〇〇ページにも及ぶ条文を本会議場のスクリーンに映し出して、その場で与党が強行採決をしてしまった。日本も同じようになる可能性があると大変心配しています。

ニュージーランドは人口が四〇〇万人ですが、最近、一万四〇〇〇人もの市民らが参加したTPP反対のデモがありました。ニュージーランドがTPPに参加すると、国内の医療費が二~三倍になることが明らかになったからです。オーストラリアも国民の六割の国民が反対しています。マレーシアも同じように反対派が多い。参加各国とも依然としてアメリカと知的財産権や医薬品の問題で対立しているのです。

TPPは完全な不平等条約

山田　TPPは非関税障壁の撤廃をうたっていますが、これは外国資本の活動を制約する国内の規制や仕組みを撤廃するというものです。そのため国際条約であるTPPを締結した参加国は、規制などの国内法令を改正することになります。しかし米国はこういった国際協定の締結後に、必ず「履行法」という法律を制定しています。米韓FTAの時もそうでしたし、北米自由貿易協定もそうです。

この履行法には「連邦法・州法に反する自由貿易協定は無効」という条文が入っているのです。米国は合州国と言う通り、各州が独立した法律を持っていますから、国際協定を結んでも米国の各州は今まで通りで何も法令の改正などしないで、そのままでいいという状態が続くのです。相手国だけが国内の法令を変えるのですから、まさに不平等な状態が続くわけです。

久田　なるほど。

山田　米韓ＦＴＡで韓国は、納税や医薬品、知的財産など六六件もの法改正をしたのにもかかわらず、米国の各州は法律を何も変えていません。米国は非関税障壁が自国にあったとしても、それは変えずに韓国の仕組みだけを一方的に変えさせたのです。これを不平等条約と呼ばずになんと呼べばよいでしょうか。

首席交渉官にその点を挙げて「何でこんなに不平等な協定を結ぼうとするのか」とただすと「アメリカ側から何も言われていません」との返答でした。さらに「不平等条約が明確になったらどうするのか」と詰めると「毅然たる態度で当たります」という答えが返ってきたのです。

「暖簾に腕押し」という返答でなんとも頼りない。不平等条約になるのは明らかです。だから我々は今立ち上がらなければならないのです。今なら止められるし、他の交渉参加国の国民も立ち上がっています。北海道にとってＴＰＰが押し寄せてくるということは、生死を分ける大きな問題だと思います。ＴＰＰを受け入れるかどうかの住民投票をしてもいいくらいです。北海道の皆さんには、ぜひ反対の姿勢を明確にして頑張ってほしいです。

久田　今回の集会決議には二つのことが書かれています。一つは「情報開示をして国民議論をしよう」、もう一つは、「国会決議を遵守しよう」ということです。黒田さん、重要五農産物を守るなどの国会決議ですが、日米二国間の並行協議や日豪ＥＰＡで既に崩れているのではないですか。

欠かせない幅広い国民的議論

黒田　国会決議では米、麦、牛肉・豚肉、乳製品、てん菜糖など甘味資源作物の重要五農産物を上げていますが、これは僕たち生産者が決めたのではありません。国会の中で議員の皆さんが、日本の国益を最大限守るためには譲れない一線だということで決めたものです。

それがいつの間にか日豪EPAでも牛肉や豚肉の関税の数値がどんどん引き下げられていきました。政府はその数値がTPPでもデッドラインだと言っていたのですが、その話もどこかに行ってしまいました。

TPPは秘密交渉だと言われていますが、なぜかいいタイミングで新聞やテレビの報道でまことしやかな関税率の数字が少しずつ表に出てきています。だれがリークしているのか、どんな意図があって数字を漏らすのか。

僕は図り知ることはできませんが、こういった動きに対しても僕たちからは「国会決議に反している」としっかりメッセージを出していかなければいけないと思います。

日米並行協議の中での米の扱いについても同じです。ミニマムアクセス以外に主食用米の輸入量を増やす報道があり、具体的な数値も出てきています。米の生産者は主食用から飼料米に転換するなど、水田をなんとか守ろうとさまざまな努力を続けています。

そういった厳しい環境の中で、主食用の輸入数量の数値が具体的に出てくる。このままでは、国会決議にも明記されている「国民合意」などは実現しません。幅広い国民的議論をするためにも交渉内容の情報開示が必要です。

久田　ありがとうございます。政府に対しては国会での決議がなし崩しにならないよう、強く訴えていく必要があります。また交渉内容についてもマスコミを含めて、政府に情報公開を求めていかなければいけないと考えています。TPPで最も打撃を受ける北海道から、全国に向けてそのような動きを広げていきたいと考えています。

あとがき――「大筋合意」の検証と真の対策を求めて

ハワイ閣僚会合交渉で「大筋合意」見送り

二〇一五年七月三一日、環太平洋連携協定(TPP)交渉は、米国ハワイ・マウイ島で開催された一二カ国の閣僚会合で「大筋合意」できず、交渉の次期開催の見通しも立てられませんでした。交渉参加国のなかで、カナダは八月二日に下院が解散され、一〇月一九日投開票と総選挙戦に入っています。シンガポールは九月一日、議会(一院制・定数八九)を解散し、九月一一日投開票され、与党・人民行動党(PAP)が八三議席確保と勝利しています。ところで、米国は二〇一五年秋から次期大統領選挙戦が本格化します。日本は二〇一六年七月に参議院選挙を控えています。今後の交渉参加国の政治日程は、TPPの推移に大きな影響を与えるのは必至です。

七月末「大筋合意」見送りが決定的になったとき、日本の甘利明担当相は八月内の閣僚会合交渉開催を示唆しましたが、それは実現しませんでした。ようやく九月二四日(日本時間二五日未明)、米国通商代表部(USTR)は、TPP閣僚会合交渉を九月三〇日、一〇月一日の両日、米国南部ジョージア州アトランタで開催すると発表しました。それに先行して首席交渉官会合が九月二六〜二九日に同地で行われました。

ところで先のハワイ閣僚会合交渉の経過から改めてTPP交渉の抱える二つの本質的問題が浮かび上がりました。二つとも国家的利害がもろに絡んでいます。そこには、グローバリゼーションの先駆けの多国籍企業の利益をさらに推進しようとする勢力と、それに抗して市民や労働者、農民の基本的権利や生存権を擁護しようとする勢力との対立が含まれています。

第一、米国がバイオ新薬のデータ保護期間を一二年とする主張を譲らず、五年以下を主張するマレーシア、チリなどの途上国およびオーストラリア(豪州)やニュージーランド(NZ)などとの対立が解けなかったからです。米国や日本の製薬資本（多国籍企業）は、バイオ新薬開発の巨額投資の利益を確実に回収したい思惑が強いのに対し、ジェネリック医薬品（後発薬）の普及により自国民の利益を擁護したい途上国や豪州、NZは国家主権をかけて妥協しませんでした。多国籍企業の利益優先の日米二カ国とそれに抵抗する他の交渉参加国との激しい対立が浮き彫りとなりました。

第二、交渉参加国の農業に輸出国、輸入国といった違いはありますが、日本以外のどの国も農業保護を国是としています。これらの諸国は、農業分野の交渉で一切の妥協を排しています。日本は、後述しますが随分気前よく農業分野で譲歩のカードを切っています。

農産物市場分野は「決着済み」ではないのか

ＴＰＰの条文は、英文で一〇〇〇頁を超えるといわれます。その内容は、市場アクセス（物品市場アクセス、物品以外の市場アクセス）と（貿易）ルール分野（全三〇章）の二つに分かれています。交渉項目は三一あって、ハワイ閣僚会合交渉時点ですでに一七項目は決着済みとされ、五項目は同交渉で解決をし、残る九項目が引き続きの交渉に委ねる未決着分野となりました（注1）。

例えば、国家主権の侵害が懸念される投資家・国家紛争解決（ＩＳＤＳ）条項や北海道の農民の関心が高い重要五農産物（コメ、小麦、牛・豚肉、乳製品、甘味作物）を含む物品市場アクセスなどはハワイ閣僚会合交渉で新たに決着をみた五項目に含まれました。三一項目の交渉の進捗状況は**表1**に示すとおりです。先述した新薬のデータ保護期間や著作権保護のルールは「知的財産」分野ですし、ハワイ閣僚会合交渉後も日本、米国、カナダ、メキシコ四カ国間で自動車部品の調達比率をめぐる実務者協議が繰り広げられたのです。これは「原産地規則」に関するもので、自動車関税の引き下げ幅の扱いととも

表１　ＴＰＰ「31項目」の交渉状況
（ハワイ閣僚会合交渉時）

今回で決着（５項目）	
投資	投資家間の無差別原則や紛争解決手続き
物品市場アクセス	物品貿易のルールや輸出許可手続き
金融サービス	国境を越える金融サービス提供のルール
環境	貿易政策と環境政策のバランスの確保
紛争解決	協定の解釈をめぐる参加国同士の紛争解決手続き
未決着（９項目）	
知的財産	新薬のデータ保護期間や著作権保護のルール
国有企業	国有・民間企業の競争条件の平等を確保する措置
例外	協定の例外規定
繊維	繊維製品の貿易ルール
原産地規則	関税削減対象になるための原産品の要件
政府調達	中央・地方政府の入札制度
透明性・腐敗防止	各国政府の不正防止など
その他	協定の「前文」と「最終規定」
決着済み（17項目）	
「電子商取引」「衛生植物検疫」「税関・貿易円滑化」など	

引用資料：「朝日新聞」2015年８月２日付

に、ＴＰＰ域内でつくられた部品をどれくらい使えば関税優遇の対象とするかという点で、日本と米国、カナダ、メキシコ三カ国の間で対立がみられます。

「日本の自動車メーカーは、部品の多くを中国やタイなどＴＰＰ非参加国から調達している。このためＴＰＰ域内で四〇パーセント以上の部品を調達している自動車に優遇措置を適用するよう求めてきた。一方、米国、カナダ、メキシコは六五パーセント以上を主張。三カ国は北米自由貿易協定（ＮＡＦＴＡ）で域内の関税優遇基準を六二・五パーセント以上と定めており、ＴＰＰではさらに引き上げたい考え」といわれていました（注2）。

重要五農産物はことごとく大譲歩

未決着項目のなかには、「国有企業」の扱いなども含まれています。**表2**は、難航分野と目される交渉テーマについてハワイ閣僚会合交渉での進捗度合を○、×、△等の評価で示したものです。結局、同表で日本の立ち位置は、次のように表現できるでしょう。多国籍企業の利益を体現する「知的財産」などでは、日米一体で推進側に立っています。他方、北海道の農民の死活的利害に関わる重要五農産物では、ことごとく大幅譲歩をしています。

表2　ＴＰＰ難航分野の進捗状況
（ハワイ閣僚会合交渉時）

×	新薬データ	保護期間12年を主張してきた米国と5年程度にしたいオーストラリア、新興国が対立
×	乳製品	ニュージーランドが各国の輸入枠拡大を強硬に主張。日本は低関税の輸入枠を提案
○	著作権	保護期間が作者の死後50年となっている日本も米国に合わせて70年に延長
△	コメ	日本が主食用米の約７万トンの特別輸入枠を新設することで調整
○	牛・豚肉	日本の牛肉関税は38.5％から９％へ引き下げ、豚肉関税は１キロ当たり482円から50円へ下げることで調整
○	小麦	日本は関税に当たる「輸入差益」を段階的に半減
△	自動車部品	日米協議で日本は米国に関税撤廃を要求。すぐに撤廃する品目をめぐり最終調整

引用資料：「北海道新聞」2015年８月２日付

表1にもどると、「衛生植物検疫」などでは、すでに決着済みとありますから、日本で認可されていない遺伝子組み換え食品の公認などを想定すると、消費者の不安をさらに増幅するおそれがあります。

甘利担当相は、合意見送りが確定した際、乳製品貿易拡大を強固に主張したＮＺに対し「ちょっと過大な要求をしている国があり、頭を冷やしてほしい」(注3)と述べました。通商交渉が大詰めの段階で、かつ妥結の見通しが立たない場合、交渉参加国は非妥協的な態度をとり原則を固持するものです。ハワイ閣僚会合交渉後、米国のアーネスト大統領補佐官は「水準に達しない合意は署名しない」(注4)と記者会見で表明しています。ハワイ閣僚会合交渉で日本政府は局面の変化に有効に対応し得ていたのでしょうか。日米二国間協議の農産物分野で、日本は一方的にといっていいくらい譲歩のカードを切っているだけに、甘利担当相の先の発言は、日本側の妥協に傾斜した交渉対応を減殺することにはならないでしょう。

米国議会に縛られている大統領の交渉力

ともかくTPP交渉議長国の米国が、ハワイ閣僚会合交渉でやはり非妥協的であったからです。JA全中発行の『国際農業・食料レター』(二〇一五年九月 No・一八二)は、興味深い事実を指摘しています。周知のように、米国議会は二〇一五年六月、幾多の紆余曲折を経ながらも大統領貿易促進権限(TPA)法を制定しました。TPA法は、大統領が貿易協定の承認時に議会に対して一括して賛成か反対かだけを問える権限を付与されていると理解されています。それゆえファストトラックと呼ばれます。しかし二〇一五年TPA法は、「大統領が議会に対する通知・協議義務を果たしていない、または協定がTPA法の定める交渉目標等を達成することに進展を見なかった場合に、いずれかの院の議決により、当該通商協定の実施法案の審議にあたり、ファストトラック手続きを適用しないことができる規定を新設」(注4)しています。

「米国議会幹部は、TPA法に定められた交渉目標に従って最善の合意を確保するよう改めて強調するなど、オバマ政権に安易な妥協を許さない姿勢を強める様相を呈している。TPA法の成立過程でオバマ大統領の指導力低下が露呈するとともに、TPA法に新たなファストトラック手続き(修正を認めない迅速な審議)の適用除外条項が規定されたことなどを念頭に、議会の関与はむしろ強化され、

議会幹部の意向が米国政府の交渉姿勢により強く反映されていくと見ておく必要がある」(注5)

米国のＴＰＰ交渉姿勢は、今後も頑なものとみなされます。かつての関税貿易一般協定（ＧＡＴＴ）や世界貿易機関（ＷＴＯ）の関税引き下げ交渉は、「自由、無差別、互恵」のマルティラテラル（多角的）な交渉を目標に掲げていました。今回のＴＰＰ交渉は様相が異なり、二国間協議を並行してすすめる極めて特異な交渉となっています。Ｊ・スティグリッツ米国コロンビア大学教授（二〇〇一年、ノーベル経済学賞受賞者）は、ＴＰＰ交渉について次のように警告をしています。「日本の人びとは気を付けてほしい。ＴＰＰ交渉に臨んでいる米政府関係者は必ずしも米国民の利益を反映しておらず、製薬企業や娯楽産業といった業界の利益を代弁しがちなのです。しかもＴＰＰは自由貿易というよりも管理貿易的で、多角的貿易体制を傷つける恐れがあります」(注6)

日本はＴＰＰ交渉に二〇一三年七月に参加して以来二年余り経過しましたが、スティグリッツ教授の警告は日米二国間協議における農産物貿易での日本の大幅な譲歩ぶりに、如実に現れているのではないでしょうか。

反古にされた「国会決議」

日米二国間協議で、**表2**にみるようにコメ、牛肉・豚肉、小麦等々、大幅な関税引き下げを約束しています。さらに鶏肉、卵、水産物など新たな関税撤廃品目も含まれており、関係業界に波紋を広げています。田代洋一大妻女子大学教授は「日本は二〇一三年にＴＰＰ参加に際してコメ、麦、牛・豚肉、乳製品などを『除外、または再協議』するとした。そのことごとくについて、大幅な譲歩カードを今回切ってしまった。……今や丸裸の状態で、もう手の内にカードはない」(注7)と断じています。もはや二〇一三年四月の衆参両院農林水産委員会特別決議は反古《ほご》同然となりました。安倍晋三首相は、TPP交渉に関する国会審議において、しばしば「守るべきは守る」と答弁していますが、なにか空々しく聞こえてきます。

今回の「大筋合意」で、日本は日米二国間協議にもとづき牛肉の関税率を九パーセントまで削減することになりました。日本の牛肉関税率九パーセントへの削減は、日豪経済連携協定(EPA)における冷凍肉で一九・五パーセント、冷蔵肉で二三・五パーセントへそれぞれ引き下げる取り決めを大幅に上回るものです。これは、米国の強硬な要求に屈したことを端的に物語っているのではないでしょうか。日本は、TPP交渉で国益を賭けて臨んだのか甚だ疑問なところです。

もとめられる「情報開示」

日本において、少なくとも市民や農民がTPP交渉参加を求めたことはありません。TPP「大筋合意」を受けて、政府は同協定に関連する国内法の改正等に乗り出すでしょう。わたしたちは、従来から食の安全や医療の国民皆保険制度などでさまざまな便益を享受してきました。いわゆるTPPのルール分野で、これまで国民が享受してきた便益に損失が生じるのではないかと不安や懸念が広がっています。このような場合、政府は「秘密保持契約」に署名してTPP交渉に参加した経緯があるとはいえ、協定に関連する「情報開示」を誠実に取り組み不安払拭に全力を挙げるべきです。TPP交渉に反対する私たちは、政府に徹底した「情報開示」を求めるとともにその情報の内容を精査し厳しく検証する必要があります。「情報開示」と検証は、TPP「大筋合意」後の反対運動にとって極めて重要な課題となるでしょう。

かつてわたしはＴＰＰについて「米国の米国による米国由来の多国籍企業のための貿易協定」(注８)と指摘しました。ＴＰＰ交渉が難航しているのは、交渉参加国国民が露骨に多国籍大企業の利益を優先するＴＰＰそのものに強く反対していることも見逃せません。総選挙で一〇月一九日に投開票を迎えるカナダでは、親米路線をとる現政権の保守党が苦戦していると報道されています。二〇一五年六月、米国上下両院でＴＰＡ法の可否をめぐって日々目まぐるしく情勢が動きました。製薬企業のロビイストなどが、バイオ新薬のデータ保護期間の長期化などをねらって議員に強く働きかけた一方、有力な労働組合や市民団体(環境保護や消費者運動で活動するＮＧＯのパブリックシチズンなど)が、ＴＰＰは雇用と賃金、食の安全、主権を脅かすものとして根強い反対運動を繰り広げていることが議会に反映していたからです。

米国はＴＰＰ交渉とともに欧州連合(ＥＵ)との間で環大西洋貿易投資協定(ＴＴＩＰ)の締結を目指しています。しかし、ＴＴＩＰ交渉は膠着状態に陥りつつあります。とくにＥＵ側では、ＩＳＤＳ条項や食の安全基準の緩和をめぐり根強い反発や懸念が広がっているからです。欧州議会は二〇一五年七月、米国との交渉を担う欧州委員会に対してＴＴＩＰに関する勧告を採択しています。わたしが注目するのは、以下の二点です。同勧告でＩＳＤＳ条項に関して「公的に任命された仲裁人制度の導入を明記」し、また。米国からの遺伝子組み換え食品輸入禁止を念頭に「ＥＵの基準を崩してはならない」(注９)との一札を入れているからです。

ＴＰＰ交渉は、グローバル展開を企図する多国籍大企業に国内市場を明け渡し雇用不安や格差拡大をさらにすすめてよいのか、さらに食の安全や国民主権を危険にさらすのを座視したままでよいのかを問う、交渉参加各国内の強い反対運動に直面してます。わたしたちは、国際的な反対運動の広がりに確信をもってTPP交渉から撤退することを日本政府に強力にもとめてゆきたいものです。

アトランタ閣僚会合交渉で「大筋合意」

二〇一五年九月三〇日から二日間の日程で開始されたアトランタ閣僚会合交渉は、再三日程を延長して、現地時間一〇月五日午前（日本時間夕刻）の閣僚全体会議を経て「妥結に達した（「大筋合意」）」と発表するなど異例の展開でした。先述のハワイ閣僚会合交渉結果についてわたしは、いくつかの懸念を指摘しました。今回のアトランタ閣僚会合交渉の要点は、**表3**に示している通りです。同表にみるように、重要五農産物では日本側の大幅譲歩がいっそう露わになりました。しかも日本は、農産物で譲歩し工業品で巻き返しを図ったかというとそうではありません。肝心の自動車をみると、米国は日本製自動車への二・五パーセントの関税を二五年間維持するというもの。ここでも日本側の対米譲歩が如実に示されています。

安倍晋三首相はTPP「大筋合意」を受けた記者会見で「類をみない関税撤廃の例外を数多く確保できた」と成果を強調しています。二〇一三年四月、日本はTPP交渉参加に向けて「関税の例外なき撤廃」「非関税障壁（**表3**のルール分野に）の廃止」を先行交渉国（米国、豪州、NZなど一一カ国）に提示して同年七月に正式に交渉参加が認められた経緯があります。通商交渉において交渉目標（TPP交渉における「関税の例外なき撤廃」）を受け入れない国が生じる場合、その国は代償措置を提供することを義務付けられる仕組みなのです。今回の「大筋合意」のなかでコメの無税輸入枠（米国に一三年目に七万トン、豪州に八四〇〇トン）が日本に課された代償措置なのです。コメについては、ご承知のようにウルグアイ・ラウンド農業協定で日本は最低輸入義務（ミニマムアクセス）として毎年七七万トンほど輸入しています。これがコメ余りに拍車をかけ、価格低落の一因になりコメ農家を苦しめています。ミニマムアクセス七七万トンのうち三六万トンは米国産のコメに割り当てられていますが、今回の「大筋合意」ではさらに六万トンを米国に割り当てると約束しています。

表３　ＴＰＰ交渉「大筋合意」の主なポイント

日米の市場開放	コメ	米国向けに当初年５万トン（13年目以降７万トン）、豪州向けに同6000トン（同8400トン）の無税輸入枠を新設。既存の輸入義務の枠内でも米国産のコメを追加輸入
	小麦	米国、カナダ、豪州向けに国別枠（当初19万2000トン、７年目以降25万3000トン）を新設。 事実上の関税である「輸入差益」を９年目までに45％削減
	牛肉	現行38.5％の関税をＴＰＰ発効時に27.5％に引き下げ、16年目以降９％。セーフガード（緊急輸入制限）は16年目以降、４年間発動がなければ廃止
	豚肉	低価格品の関税（１キロ482円）は当初125円、10年目以降50円に削減。セーフガードは12年目に廃止。高価格品の関税（4.3％）は当初2.2％、10年目に撤廃
	乳製品	脱脂粉乳とバターに低関税のＴＰＰ枠を新設。生乳換算で当初６万トン、６年目以降７万トン。 ホエー（乳清）やチーズの一部を長期間かけ関税撤廃
	ワイン	関税を８年目から撤廃
	自動車関税	米国が日本製乗用車に対する関税（2.5％）は25年目で撤廃。自動車部品への関税（同）は全体の87％の部品についてＴＰＰ発効時に即時撤廃
	原産地規則	関税減免の前提となる域内で作られた部品の調達比率を原則45％以上に設定
ルール分野	新薬データ保護期間	最先端のバイオ医薬品の開発データの保護期間を「実質８年」とすることで米豪などが合意。
	著作権	小説や音楽の保護期間を原則、作者の死後70年間に延長
	投資	投資家・国家間の紛争解決（ＩＳＤＳ）条項は乱用防止規定と併せて導入
	国有企業	海外展開する国有企業の優遇を禁止。 新興国には一部例外を認める
	政府調達	一定額以上の公共事業に国際入札を義務付ける。 新興国に特例措置を設ける

引用資料：「北海道新聞」2015年10月６日付

極めて表面的対応の安倍首相

安倍晋三首相の会見でのTPP評価は、代償措置による国内農業への重い負担、悪影響を無視している点で極めて一面的です。政府与党は、代償措置にともなうマイナス要素に触れることを極力避けながら農業対策を前面に出してTPP発効に全力を挙げると思われます。

しかし、事実はまことに「厳しい結果だ。地域の存続にもかかわる」(注10)事態に他なりません。政府は、二〇一六年一月開会の通常国会で国内対策に乗り出す方針のようです。農家の反対や二〇一六年七月の参院選への打撃を回避する意図が透けてみえてきますね。ウルグアイ・ラウンド対策として六年間に六兆一〇〇億円の巨費が投じられましたが、農業の体質強化につながったとはいえず自民党内でも「ばらまきに終わった」と評価されています。今後の国内対策に対して前回の轍を踏まないよう、われわれは監視と警戒を怠らないようにしたいものです。

農林水産省は、重要五農産物以外の身近な食品の多くで関税が撤廃されると発表しました。「農業分野で関税を撤廃したことのない八三四品目のうち、オレンジやハム、はちみつなど四〇〇品目ほどの関税が撤廃され」(注11)るのです。日本農業に大手がかかった感があります。

共同通信社は一〇月七日~八日、TPP交渉「大筋合意」の評価に関する世論調査を行いました。衆院ブロック別に実施し、北海道では「よくなかった」(二五・七パーセント)、「どちらかといえばよくなかった」(四三・一パーセント)と交渉への否定派が計六八・八パーセントに達し、他方「よかった」(七・二パーセント)、「どちらかといえばよかった」(一九・五パーセント)の肯定派が計二六・七パーセントと報じられています(注12)。世論調査に回答した北海道民のうち七〇パーセント弱が、TPP交渉に否定的であることを重視したいものです。

重要五農産物などの大幅譲歩により、北海道農業は産業としての存廃の危機に見舞われています。先述したように政府は「情報開示」に努め、懸念される農業や関連産業の損失を予測し、具体的な救済策を国民に提示する責任があります。過日の安保法制反対に起ち上がった、自由と民主主義のための学生緊急行動（ＳＥＡＬＤｓ）の学生諸君が「民主主義ってなんだ？」との鋭い問いを発しましたが、改めてＴＰＰ交渉「大筋合意」に対しても同様の問いを政府に強く発していく必要がありますね。

ＴＰＰは協定本文のほか附属書、ネガティブリストや非適用措置リスト、附属書間、二国間交換文書などで構成されています。国連高官がＴＰＰ交渉を指して「恥知らずで非人間的」と批判していますが、基本的人権や国家主権の侵害条項などが出てくる可能性は否定しえないのです。

多国籍企業の利益か国民の生存権か

図は、「大筋合意」後のＴＰＰ発効までの流れを示すものです。「大筋合意」の一〇月五日を起点にしますと、米国はＴＰＡ法により議会上下両院に最低九〇日間告知する期間を要します。また同時に交渉参加一二カ国は「大筋合意」の内容を基に正式な協定文づくりを急ぎすすめています。日本では同時並行して協定文

図　ＴＰＰ発効までの流れ

米国アトランタ閣僚会合で大筋合意

▼

参加12カ国が協定文を作成

▼

協定文に各国が署名

▼

各国が国内法を整備、議会承認手続き

▼

協定を締結

＝

要件を満たせば…

▼

ＴＰＰが発効

引用資料：「北海道新聞」2015年10月７日付

の和訳をして、内閣法制局が審査に当たります。そして作成した協定文に各国がそろって署名し、内容への基本的な賛意を表明します。

署名後、各国はそれぞれの国内法の改定や議会承認（批准）の手続きをすすめます。原則として、参加一二カ国がすべて国内手続きを終えて六〇日後にＴＰＰは発効する仕組みです。ちなみにウルグアイ・ラウンド農業協定は、一九九三年一二月に妥結し、翌九四年四月一五日、北アフリカ・モロッコのマラケシュで署名を行い、一九九五年一月一日、ＷＴＯ農業協定として発効しました。

今回、アトランタ閣僚会合交渉でもその決着を「妥結」ではなく「大筋合意」としています。これは、今回の交渉が多国籍企業の国境を越えて資本を移動させ、労働力や天然資源等を自在に動員して利潤追求する手法に交渉参加国の市民や労働者、農民が根強く抵抗している状況を反映しているからに他なりません。

二〇一六年米国大統領選挙で民主党最有力候補と目されるヒラリー・クリントン前国務長官は、ＴＰＰ交渉「大筋合意」について「雇用創出や賃金上昇などで私の水準に達していない」（注13）と述べ、反対姿勢を明確にしています（二〇一五年一〇月七日）。民主党の支持基盤である労働組合や環境団体は、雇用不安の増大や環境保護基準の切り下げ、医薬品の高騰の恐れなどを指摘し、社会的に大きな影響力を行使しています。二〇一五年六月、ＴＰＡ法案の可否をめぐって議会審議が日替わりメニューのように変わったのは、バイオ新薬開発の利権確保を目指す製薬業界をバックにするロビィストやそれらに真っ向から対立する労働組合や市民団体の影響力が働いてつばぜり合いとなったためです。

ＴＰＰ交渉による「大筋合意」後、協定文や附属文書等々が米国議会への九〇日間告知によって、米国議会内外で熾烈な論争が繰り広げられ、さらにＴＰＰの署名、議会審議と並行して米国大統領選挙戦が本格化するなかで、候補者間でもＴＰＰ問題が争点に浮上するでしょう。ＴＰＰ協定が議会承認を得るか否か、推進側のオバマ大統領も展望できていないようです。ＴＰＰ推進勢力と反対する市民、労働組合などとの厳しい対立は、カナダ、豪州、ＮＺなどでも起こっており枚挙に暇がありません。

ＴＰＰ交渉参加一二カ国の名目国内総生産（ＧＤＰ）総計に占める米国のＧＤＰ比率は六二・一パーセント、日本は同一六・五パーセントと日米両国で七八・六パーセント(注14)ほどの巨大な規模の経済力です。ＴＰＰ発効のルールは、原則として全交渉参加国（一二カ国）が議会承認（批准）などの国内手続きを終えることが必要となります。そして、担当国のＮＺに文書で通知すれば、六〇日後に発効します。ただ、政治情勢などから一部の交渉参加国で国内手続きが滞り一二カ国の足並みがそろわないケースも考えられます。この場合、署名日から二年経過した後、域内のＧＤＰの合計が「八五パーセント以上を占める六カ国以上」が国内手続きを終えているならば、上記と同様にＮＺへの文書での通知から六〇日後に発効する仕組みです。いずれにしても日米のどちらかが欠けると八五パーセントの基準は達成されません。一方、日米以外の国が離脱しても直ちに協定が発効できなくなる訳ではないことも示しています。

以上、日本は米国とともにＴＰＰ発効の要件に決定的に重要な役割をもつ国なのです。改めて、わたしたちは政府にＴＰＰの協定文や附属書などから関連情報を開示し、市民や農民の基本的人権や生存権が侵害されないか厳しく監視していきましょう。そして「大筋合意」で「関税率は維持されているから国会決議は守られている。あとは国内対策だ」などという政府与党の世論誘導に惑わされないたたかいが必要になります。

ＴＰＰ発効により農業者の被害は明確な訳ですから、「コメや酪農・畜産を含めて『不足払い制度』を導入するなど国が国内対策をしっかりやる必要があります。国が生産費を基準とした目標価格を定め、市場価格がそれを下回った時に穴埋めする方式です。原資となる関税が減収となるので、財源確保が課題です。これが難しいのに農業を守るというのなら、国にＴＰＰからの脱退を求めるしかありません」（東山寛・北海道大学大学院農学研究院講師）（注15）と展望していくことが、なにより肝心ではないでしょうか。

札幌大谷大学特任教授　中原准一

（注1）『朝日新聞』二〇一五年八月二日付
（注2）『北海道新聞』二〇一五年九月一三日付
（注3）『北海道新聞』二〇一五年八月二日付
（注4）『朝日新聞』二〇一五年八月七日付
（注5）ＪＡ全中『国際農業・食料レター』二〇一五年九月（Ｎｏ．一八一）八頁
（注6）ＪＡ全中・前掲レター、一頁
（注7）『北海道新聞』二〇一五年八月二日付
（注8）中原准一「ＴＰＰの本質―食料基地・北海道から考える―」ＴＰＰを考える市民の会編『北海道の明日のためにＴＰＰと正面から向き合う本』二〇一二年五月三一日、一七頁
（注9）『北海道新聞』二〇一五年八月一五日付
（注10）前掲紙二〇一五年一〇月六日付
（注11）『朝日新聞』二〇一五年一〇月九日付

（注12）『北海道新聞』二〇一五年一〇月九日付
（注13）前掲紙同
（注14）『朝日新聞』二〇一五年一〇月七日付
（注15）『北海道新聞』二〇一五年一〇月九日付

巻末資料1

「TPP問題を考える道民会議」

北海道経済連合会、北海道商工会議所連合会、北海道商工会連合会、北海道消費者協会、北海道生活協同組合連合会、北海道医師会、連合北海道、北海道建設業協会、北海道漁業協同組合連合会、北海道森林組合連合会、北海道農民連盟、北海道農業協同組合中央会、北海道歯科医師会、北海道薬剤師会、北海道民主医療機関連合会、北海道測量設計業協会、北海道中小企業団体中央会、北海道労働組合総連合、北海道単位農業協同組合・農業共済組合労働組合連合会、新日本婦人の会北海道本部、北海道信用漁業協同組合連合会、北海道漁業共済組合、北海道漁業信用基金協会、共水連北海道事務所、北海道水産物貿易対策協議会、北海道水産会、北海道漁協青年部連絡協議会、北海道漁協女性部連絡協議会、北海道木材産業協同組合連合会、北海道農業会議、北海道農業共済組合連合会、北海道土地改良事業連合会、北海道農業開発公社、農民運動北海道連合会、北海道酪農協会、北海道養豚生産者協会、北海道信用農業協同組合連合会、ホクレン農業協同組合連合会、北海道厚生農業協同組合連合会、全国共済農業協同組合連合会北海道本部、北海道農協青年部協議会、JA北海道女性協議会

オブザーバー・北海道

（四二団体）

巻末資料2

「TPPを考える市民の会」

NPO法人・北海道食の自給ネットワーク、NPO法人・さっぽろ自由学校「遊」、NPO法人・地域づくり実践教育センターエスカトン、NPO法人・北海道エコビレッジ推進プロジェクト、生活クラブ生活協同組合、北海道農業ジャーナリストの会、メノビレッジ長沼、北海道有機農業協同組合、農民運動北海道連合会、スローフード・フレンズ北海道、北海道有機農業研究会、のまど社、子どもたちの未来を創る会、親子で憲法を学ぶ札幌の会、アーシャ・プロジェクト、ビッグイシューさっぽろ、反貧困ネット北海道、さっぽろ市民放射能測定所「はかーる・さっぽろ」

（一八団体）

巻末資料3

「集会決議」

私たちは、北海道の先人の方々が、美しい自然、世界に誇る環境・文化を活かしながら築いてきた、今日の豊かな社会・経済基盤を次の世代にしっかり継承し、さらに発展させていく責務がある。

現在、政府は、ＴＰＰの大筋合意に向けて断続的に協議を行っているが、交渉内容は、一次産業だけでなく、医療や食の安全・安心、公共事業、金融、保険、労働など北海道民の生活に大きな影響を与える可能性があるにもかかわらず、政府からの説明や国民的議論がほとんどなく、私たちの命と暮らしが脅かされている。

私たちは、北海道民への説明がなく、かつ道民合意のない交渉内容については、如何なる取決めにも反対する。このことを十分踏まえ、私たちは、政府に対して以下の事項について必ず実現するよう強く要請するとともに、広く北海道民に訴える。

記

1．北海道の将来に禍根を残さぬよう、交渉に関する情報を開示するとともに、十分な国民的議論を行うこと。

2．衆参両院の農林水産委員会における国会決議を順守し、北海道の産業と北海道民の暮らしを守ること。

以上決議する。

二〇一五年三月二二日

ＴＰＰから命と暮らしを守ろう！

北海道緊急大集会

巻末資料4

ＴＰＰ重大局面に際しての緊急声明

二〇一五年七月二九日

北海道農業ジャーナリストの会

政治決着狙う日本政府　日本政府は、七月二八日から四日間、ハワイで開かれるＴＰＰ（環太平洋経済連携協定）交渉参加国閣僚会合で、「（一二カ国の）合意に持ち込みたい考え」（各紙）だ。鶴岡公二首席交渉官は二四日、「この交渉はＴＰＰの最終局面の交渉になる」と強調するとともに、「閣僚会合で政治決着できるよう準備を精力的に進める」と語った。安倍政権は、米国オバマ政権とともに、「交渉妥結に向けた大筋合意」を、この閣僚会合で行いたい一心で、「前のめり姿勢」を強めている。甘利明担当大臣は、即時同意できない一部の国を除外してでも大筋合意を目指す考えを表明した。

漂流か決着かの局面　日米政府が決着に向けた勢いを保とうとする背景には、この月末で合意の方向が見えない場合は、米国の議会日程、大統領選に向けた政治日程などから、当面は協定を成立させるタイミングを確保することが難しく、交渉は棚上げとなり、協定は漂流する可能性があるからだ。今回の会合で「大筋合意」など何らかの合意ができたとしても、交渉参加一二カ国による妥結調印をすぐに意味するものではないが、日米両国政府が妥結を目指し、各国間の調整に注力していることなどから、TPPは重大な局面を迎えていることは確かだ。

TPP参加断念を　日本がTPPの協定案に同意し、加盟するようなことがあれば、北海道の一次産業をはじめ、あらゆる産業と人々の暮らし、日本中の医療や食の安全安心、地域自治や国家主権なども脅かされ、重大な事態に陥る危険がきわめて大きい。私たちは道内の多くの諸団体と同様、日本のTPP参加に反対する立場であり、改めて、日本政府に対し、TPPへの参加を断念するよう求める。

早急に情報公開を　政府が、国民各層の求めている交渉内容、協定案などの情報公開を拒んでいるのも問題だ。日本政府が交渉参加の時点でサインしたとされる秘密保持契約の内容すら明らかになっていない。TPP協定が発効してもその後4年間は、協定文すら秘密になるとの情報もある。国家間協定にあるまじき極めて異常な秘密性だ。しかも、他国で行われている国会議員への情報開示すら、日本で許されていないのは、まったくフェアではない。さらには、TPP協定と直接は無関係の、二国間交渉の内容と詳しい経過を、日本政府はきちんと説明していない。政府に対して、国会決議第七項(下欄注参照)を遵守し、早急に、全面的な情報公開を行い、国民議論を保証するよう求める。

農産物の譲歩は決議違反　また、政府は牛肉・豚肉の関税大幅引き下げをはじめ、米国と豪州にコメの特別輸入枠を、乳製品輸出国向けにはバターや脱脂粉乳の低関税輸入枠を、それぞれ新たに設定することを検討しているらしい。またこれらの条件の一部は他の交渉参加国全体にも適用するとの情報もある。事実とすれば、もはや国会決議（第一項など＝注参照）に違反し、「聖域」は崩れていることになる。ＩＳＤＳ条項についても、日本政府が導入に賛成しているとすれば、これは国会決議第五項（注参照）に反している。ここに来て、矢継ぎ早に大幅譲歩の姿勢が報道されているのは、交渉が終盤に近づき、「後からバレる」のを恐れたためともみられるが、上記のほかにも、政府が各国間の交渉で何を論議、あるいは約束しているのか、政府は早急に国民に説明するべきだ。

いかなる約束もすべきでない　こうしたまったくの秘密の状態のまま、国民の同意を得るのは困難であり、日本政府が国民同意を得ないまま、いかなる約束も、諸外国に対してすべきではない。約束につながる「大筋合意」や「共同声明」などを、現時点で行うことは、あってはならない。情報をすべて公開し、関係各団体、国民各層への十分な説明と、国内での調整を前提とすべきだ。

すでに脱退の時期　上記のように、すでに国会決議違反の疑いが濃厚である以上、政府はＴＰＰ交渉から脱退すべきだ。このまま交渉のプロモーターを気取り、交渉の場に居続け、国際舞台で他国と何らかの公式な約束をしてしまったら、取り返しのつかない事態となろう。国会決議第六項が「（聖域が）確保できないと判断した場合は、脱退も辞さない」（注参照）としているように、脱退こそが、唯一、国会決議を順守する道だ。これ以上の、政府による、「妥結に向けた」前のめりの言動は、ただちに停止するよう、強く求める。

＜注＞

国会決議

（第一八三回国会　二〇一三年四月一九日
　衆議院農林水産委員会　委員会決議）

①　米、麦、牛肉・豚肉、乳製品、甘味資源作物などの農林水産物の重要品目について、引き続き再生産可能となるよう除外又は再協議の対象とすること。一〇年を超える期間をかけた段階的な関税

撤廃も含め認めないこと。
② 残留農薬・食品添加物の基準、遺伝子組換え食品の表示義務、遺伝子組換え種子の規制、輸入原材料の原産地表示、ＢＳＥに係る牛肉の輸入措置等において、食の安全・安心及び食料の安定生産を損なわないこと。
③ 国内の温暖化対策や木材自給率向上のための森林整備に不可欠な合板、製材の関税に最大限配慮すること。
④ 漁業補助金等における国の政策決定権を維持すること。仮に漁業補助金につき規律が設けられるとしても、過剰漁獲を招くものに限定し、漁港整備や所得支援など、持続的漁業の発展や多面的機能の発揮、更には震災復興に必要なものが確保されるようにすること。
⑤ 濫訴防止策等を含まない、国の主権を損なうようなＩＳＤ条項には合意しないこと。
⑥ 交渉に当たっては、二国間交渉等にも留意しつつ、自然的・地理的条件に制約される農林水産分野の重要五品目などの聖域の確保を最優先し、それが確保できないと判断した場合は、脱退も辞さないものとすること。
⑦ 交渉により収集した情報については、国会に速やかに報告するとともに、国民への十分な情報提供を行い、幅広い国民的議論を行うよう措置すること。
⑧ 交渉を進める中においても、国内農林水産業の構造改革の努力を加速するとともに、交渉の帰趨いかんでは、国内農林水産業、関連産業及び地域経済に及ぼす影響が甚大であることを十分に踏まえて、政府を挙げて対応すること。

巻末資料５

環太平洋連携（ＴＰＰ）協定の「合意」撤回と交渉の全容公開を求める声明

二〇一五年一〇月二三日
北海道農業ジャーナリストの会

「大筋合意」はほとんどが内容不詳。判明しただけでも衝撃的な内容。

ただちに交渉経過の全容を公開し、国民合意なき「国際合意」の撤回を。

交渉は決着していない。協定の作成を止め、国会承認を延期すべき。

①国民に秘密のまま「国際合意」

米国・アトランタで開催されたTPP交渉参加十二カ国は、一〇月五日に開催した閣僚全体会議を経て「大筋合意に達した」と発表しました。日本政府が交渉開始以来一貫して、交渉内容を国民に一切秘密にし、民意を反映する機会をほとんど与えないまま、政府と一部の企業だけで「国際合意」したことに強く抗議します。

これまでも市民の側から政府に対し、詳細な情報公開が求められてきました。道や道内各層も「国民合意・道民合意がないままでのTPP協定への参加にはあくまで反対」（**注1**）として、繰り返し情報公開と道民合意を追求してきました。政府は「国際交渉だから」「出したくても出せない」などとして、情報公開を拒んできました。その理由の一つであろう「秘密保持契約」の存否、内容についても秘密にしてきました。

政府は「大筋合意」の後に「合意の概要」なるものを公開し、各地で説明を始めていますが、「合意」の後に説明しても、国民無視の罪は免れません。

②自民党の公約に明確に違反

しかも、与党自民党は二〇一二年一二月衆院選で「聖域なき関税撤廃を前提とするTPP交渉参加に反対」を掲げ、「ウソつかない、TPP断固反対」のポスターを全国に貼りめぐらして選挙運動を展開しました。

アトランタ会合前のハワイ会合でも、途上国や日米両国に強く存在するTPP慎重・反対論を背景に交渉は難航し、漂流する寸前でした。しかし、日本政府は、各国国民の意思を無視し、抑え込むかたちで、また小国の切り捨ても辞さない形（**注2**）にしてまで、「TPP断固反対」どころか、自ら推進役となり、今回の「大筋合意」に持ち込んだのです。安倍政権は公約違反を犯したと言わざるを得ません。

③「大筋」の中身が不明

日本政府の言う「大筋合意」は、どこまで具体的に「合意」したのか不明です。「閣僚声明」が「公表のために整えられた条文を準備するための技術的な作業を継続する」と述べているように、協定は未完成です。

また「協定の概要」は、全体が具体性をまったく欠いている上、「投資」「サービス貿易」「政府調達」「国有企業」などの重要な事項に関する詳細が、いずれも「附属書で示される」などとされたままで、明らかにされていません。「第二九章　例外」は「協定の適用の例外が認められる場合について規定している」としているだけで、何も書かれていません。

すべての合意事項、そこに書かれている関税レベルなどの数字、全体のバランスなど、あらゆる事項に「根拠」は示されていません。WTOが認める関税水準との整合性についても説明がありません。また、どのような交渉経過、どのような綱引きの結果なのか、についても一切明らかにされていません。

さらにこの「概要」は日本語で三六ページに過ぎませんが、その中に「等(など)」という言葉が約一四〇回も使われています。「等(など)」に何が含まれるのかは一切不明です。そもそも、完成すれば全体で数千ページになるとされている協定(協定本体のほか譲許表、附属書、附属書簡、交換文書などを含む)を三六ページに要約することに無理があります。

④「大筋合意」はただちに撤回を

上記事項を含めて「合意内容」を「概要」ではなく「本文」を全面的に明らかにできないのであれば、単に「交渉漂流」を回避し、「形ばかりの合意を急いだ」と批判されても、仕方ないでしょう。

各国国民に十分な情報と議論を保証できていないままのいかなる「国際合意」もただちに撤回すべきです。日本政府がなぜこのような挙に出たのかを明らかにする上でも「合意」内容、協定文はもちろん、この間のすべての交渉過程、そこでの日本政府の言動、あらゆる二国間協議の内容など、すべての情報をただちに全面的に公開すべきです。

⑤判明しただけでも衝撃的内容

まったく不明部分が多い「大筋合意」ですが、日本政府は事前に時間をかけて周到に準備したとみられる説明文書「環太平洋パートナーシップ協定（ＴＰＰ協定）の概要」と「ＴＰＰ交渉参加国との交換文書一覧」（注3）を即日公表しました。

追加発表を含めて、その詳細は改めて精査される必要がありますが、ざっと見ただけでも、北海道の産業と道民生活にとって、また国民全体にとって衝撃的な内容になっています。

農林水産物で言えば、果物や野菜、畜産加工品、缶詰、氷菓にいたる幅広い品目にわたり、関税を設定している八三四品目のうち約半数で関税を撤廃する内容です。万一これらが実行されれば、一次産業への影響は甚大、というより壊滅的と言わざるを得ません。

なかでも重大なのは、「米、麦、牛肉・豚肉、乳製品、甘味資源作物などの農林水産物の重要品目を、（関税交渉の）除外又は再協議の対象とする」としながら、関税を削減したり、強制的な輸入枠を設けるなどの譲歩をしています。

「除外又は再協議の対象」であり、「聖域」としたものの関税を少しでもいじったのですから、国会決議（注4）や自民党決議（注5）に違反しているのは明白です。

⑥「ＴＰＰ対策」は長続きの保証なし

来年七月の参院選に近い時期に国民的議論と反発が広がるのを避けたい日本政府は、「大筋合意」を前提として、「ＴＰＰ対策」予算付けと、ＴＰＰ参加の国会承認を一気に片付けたいはずです。

しかし、ＴＰＰによる特に一次産業へのマイナス影響をカバーするには、どのくらいの政府予算が必要でしょうか。今後、正確な情報公開を元に、さまざまな試算が必要になりますが、一次産業だけで一・五兆円、関連産業を含めると四兆円とも言われています。四兆円は消費税に換算すると約二パーセントの大きさです。借金まみれの政府に、これを財政措置できるかは疑問です。

関税収入は、国内農業振興費用の財源となっていましたので、これが減ると財政支出は難しさを増します。さらに農業協同組合・農業委員会・農地法の改悪による農業解体もすすめられており、「国会承認」後も、参院選後も毎年、恒常的に財政支出がある保証はないとみるのが妥当です。

⑦国民の心配は消えていない

食の安全安心や医療、投資家・国家紛争解決（ISDS）条項などの国民の心配を払拭するにはほど遠い内容でしかありません。

国会決議や自民党決議には「食の安全・安心の基準が損なわれない」「国民皆保険、公的薬価制度の仕組みを改悪しない」「濫訴防止策等を含まない、国の主権を損なうようなＩＳＤＳ条項は合意しない」「政府調達及びかんぽ、ゆうちょ、共済等の金融サービス等のあり方についてはわが国の特性を踏まえること」といった内容が含まれています。

こうした点について政府資料は、抽象的に「日本は制度変更を迫られない」「安全が脅かされるようなことはない」と説明するにとどまっています。協定本文や附属書、二国間交換文書などによって、上記説明がどのように担保されるのか、全く明らかにされていません。

また同資料は、ＩＳＤＳの「濫訴抑制」を誇示するために、「仲裁廷は、まず外国投資家による訴えそのものが仲裁廷の権限の範囲外であるとの非申立国による異議について決定を行う」「全事案の判断内容等を原則公開とする」「外国投資家による申立期間を制限する」という規定があることを強調していますが、これらが「濫訴抑制」や「濫訴防止」につながる保証は何も示されていません。

「政府調達」に関しては、他の交渉参加国の政府調達市場が日本企業に開放されるなどのメリットに言及していますが、日本の政府調達の基準額はいくらになるのか、自治体に及ぶのかといった疑問には答えがありません。

「衛生植物検疫」（収穫前及び収穫後に使用される防かび剤、食品添加物、牛由来ゼラチン関する取組）などのように日米間協議事項になっているにも関わらず、「全て関係国と調整中」とするにとどまって、「合意」されていない、または公表されていないものも多数残っています。

⑧発効しない可能性も

国民の心配が消えないのは、米国でも同様です。次期大統領選挙の指名争いをしているヒラリー・クリントン氏（民主党）は、アトランタ会合の直後に「ＴＰＰ反対」を初めて表明しました。同氏と競っているバーニー・サンダース氏(同)も強い反対論者です。一方、共和党の有力者ドナルド・トランプ氏も反自由貿易の論陣を張っています。米国内の世論は、雇用喪失や食品安全などの心配を背景に、TPPやグローバリゼーションに反対論が強く、これを受けて、連邦議会が、TPPを承認するか否かは、読めない状況になっています。

日本か米国のどちらか一国でも、国会承認を得られなければ、TPPは発効しません。もともと、日本にとってのメリットが少ないばかりか、一次産業、とくに北海道の地域産業に壊滅的なマイナス影響が予想されるTPPは発効しないに超したことはありません。日本政府が調印・発効に前のめりになったり、国会承認を急いだりすべきではありません。

⑨国会承認の大幅延期を

政府が国民の知る権利、国民主権、国権の最高機関たる国会権限を尊重する立場に立つなら、TPPに関する数々の疑問に正確な回答を行い、十分な国民議論の期間を保証する必要があります。日本政府は、いったいいつ、情報の全面公開をするのでしょうか。すでに持っている情報を一日も早く国民に全面公開する必要があるはずです。

国会承認やTPP対策予算の審議は、日本政府が何に「合意」し、どんな協定文になるのかが、公開されていることが最低限の前提です。それらを含む交渉の全面情報公開は、審議の「直前」に行うのは論外です。通常国会の会期は一五〇日間。政府予算案審議もあり、時間は限られています。国会議員と国民がこの複雑なTPP協定の全体を理解し、精査し、是非を判断することは極めて困難です。

膨大な分野と内容を含む協定ですから、しかも国民の暮らしと産業、文化に広く深く関わる協定ですから、少なくとも一年や二年の国民論議を保証すべきです。十分な議論と合意形成の上で、国会が総選挙で信認を得てから、TPP参加の是非を決めるべきです。

国会承認の提案時期を、来年の通常国会など、7月の参院選前にするのはもってのほかであり、十分な情報公開と国民論議の後へ、大幅に延期するべきです。

⑩公開、撤回、承認延期を求める

まとめとして、私たちは日本政府に次の四つを求めます。

一．「大筋合意」の内容を、ただちに、全面的に公開すること。その際、協定本文はもちろん、附属書（譲許表、ネガティブリスト、非適用措置その他）、附属書簡、「調整中」の交換文書、交渉記録などの、すべての文書を含めること。かつ、国民にそれらの理解のための月日を十分に保証すること。

二．情報公開も国民合意もない下でのいかなる「国際合意」もただちに撤回し、「合意」を前提とした協定文作成は中止すること。

三．政府の言う「大筋合意」の内容に関し、国会決議や自民党決議との整合性、ＷＴＯでの取り決めとの整合性、日豪ＥＰＡなど他の自由貿易協定との関係など基本的事項について国民に説明するとともに、食の安全安心、医療制度、ＩＳＤＳ条項など国民の関心事項すべてについて、国民からの意見を聴き、ていねいな説明を実施する機会を、全国各地で設け、国民の納得を得ること。

四．上記三つを優先し、三つが実現するまで、ＴＰＰ協定の国会承認提案は、当面延期すること。

以上

（注1）「ＴＰＰ協定に関する緊急要請書」（二〇一三年三月、道、道商工会連合会など一九団体）

（注2）「協定の概要」には「署名後2年以内に全ての原署名国が国内法上の手続を完了した旨を通報しなかった場合には、原署名国の二〇一三年のＧＤＰの合計の少なくとも八五パーセントを占める、少なくとも六カ国が国内法上の手続を完了した旨を通報することが、発効の要件として定められている」とある。すなわち、多ければＧＤＰで一五パーセントの国を切り捨てても発効させられる規定になっている。

（注3）いずれも内閣官房ＴＰＰ政府対策本部作成

（注4）国会衆参両院農林水産委員会決議。二〇一三年四月一八日・一九日

（注5）自民党外交経済連携調査会決議。二〇一三年二月二七日。二〇一二年一二月総選挙公約の再確認・具体化

孫崎 享（まごさき・うける）
1943年、旧満州生まれ。東京大学中退後、外務省入省。国際情報局長、駐イラン大使、防衛大学校教授を歴任し2009年に定年退官。著書に『戦後史の正体』（創元社）、『日米開戦の正体』（祥伝社）ほか。

久田徳二（ひさだ・とくじ）
1957年、名古屋市出身。北大農学部卒業後、北海道新聞社に入社。政治部、東京政経部などを経て現職。北大客員教授。北海道農業ジャーナリストの会副会長。著書に『あぐり博士と考える・北海道の食と農』（北海道新聞社）ほか。

太田原高昭（おおたはら・たかあき）
1939年、会津若松市生まれ。北海道大学大学院農学研究科博士課程単位取得、同大農学部教授、北海学園大学経済学部教授を歴任。北海道地域農業研究所顧問。著書に『系統再編と農協改革』（農文協）ほか。

東山 寛（ひがしやま・かん）
1967年、札幌市出身。北海道大学大学院農学研究科博士課程修了。秋田県立大学助教授などを経て2013年から現職。共著に『ＴＰＰ反対の大義』（農文協）、『ＴＰＰ問題の新局面』（大月書店）ほか。

中原准一（なかはら・じゅんいち）
1946年、富良野市生まれ。北海道大学大学院農学研究科博士課程単位取得。酪農学園大学教授などを経て現職。ＮＰＯ法人「北海道食の自給ネットワーク」代表。著書に『ＷＴＯ交渉と日本の農政』（筑波書房）ほか。

北海道《ほっかいどう》の守《まも》り方《かた》
グローバリゼーションという〈経済戦争《けいざいせんそう》〉に抗《こう》する10の戦略《せんりゃく》

発　行　2015年（平成27年）12月１日　初版第１刷
編　著　久田徳二
監　修　北海道農業ジャーナリストの会
発行者　土肥寿郎
発行所　有限会社 寿郎社
〒060-0807 札幌市北区北７条西２丁目 37山京ビル
電話 011-708-8565　FAX 011-708-8566
e-mail doi@jurousha.com　URL http://www.jurousha.com
装幀者　スランサ
印　刷　株式会社 辻孔版社

落丁・乱丁はお取り替えいたします　ISBN 978-4-902269-85-7　C0031